华章心理

打开心世界·遇见新自己

抗逆力养成指南

如何突破逆境，成为更强大的自己

The Survivor Personality

Why Some People Are Stronger, Smarter, and More Skillful at Handling Life's Difficulties... and How You Can Be, Too

[美] 阿尔·西伯特（Al Siebert）著
王瑾 译

图书在版编目（CIP）数据

抗逆力养成指南：如何突破逆境，成为更强大的自己 /（美）阿尔·西伯特（Al Siebert）著；王瑾译 . -- 北京：机械工业出版社，2021.2

书名原文：The Survivor Personality: Why Some People Are Stronger, Smarter, and More Skillful at Handling Life's Difficulties. and How You Can Be, Too

ISBN 978-7-111-67417-7

I. ①抗…　II. ①阿… ②王…　III. ①成功心理－通俗读物　IV. ①B848.4-49

中国版本图书馆 CIP 数据核字（2021）第 032212 号

本书版权登记号：图字　01-2020-7145

抗逆力养成指南：如何突破逆境，成为更强大的自己

出版发行：机械工业出版社（北京市西城区百万庄大街 22 号　邮政编码：100037）
责任编辑：杜晓雅　　邵啊敏
责任校对：李秋荣
印　　刷：三河市宏图印务有限公司
版　　次：2021 年 3 月第 1 版第 1 次印刷
开　　本：147mm×210mm　1/32
印　　张：7.625
书　　号：ISBN 978-7-111-67417-7
定　　价：59.00 元

客服电话：（010）88361066　88379833　68326294　　投稿热线：（010）88379007
华章网站：www.hzbook.com　　读者信箱：hzjg@hzbook.com

在初次见到阿尔的那一刻，我就被他眼中亦静亦动的神采所吸引。当他与别人交流互动时，我经常在一旁观看和倾听。我观察到，人们能够感受到自己与阿尔以及他的工作之间有着密切的联系。我无比尊重阿尔，他对人们该如何生存和发展提出了清晰的见解。阿尔和我都承认，我们之间的联结远远超出了人类大脑所能推断的程度。与阿尔度过的 6 年婚姻生活带给我极为丰富的人生体验。

本书旨在纪念阿尔·西伯特博士 40 多年的职业生涯。作为一名在幸存者人格和抗逆力研究方面享有国际声誉的专家，阿尔为世界贸易中心恐怖袭击幸存者网络、美军医疗服务提供方的抗逆力培训机构、美国联邦东部管理发展中心、美国西北部地区部落联合会等组织贡献了自己的智慧和才能，对此我感到由衷的钦佩。然而不幸的是，在事业未竟之时，阿尔就从我们身边被带走了。他离开了你们，离开了他的家庭，也离开了我。如果人们能够继续从阿尔对幸存者人格和抗逆力的研究中得到学习和成长，那么我相信阿尔会为此感到欣慰。

我深切地希望本书能够丰富你的人生阅历。通过阅读本书你可以了解到，不管你曾有过什么样的人生经历，你都可以从本书中学到生存和发展的必备技能。

——莫莉·西伯特

推荐序一

本书出版多年，被翻译成多种语言，启发着世界各地的人们去探索一个“放之四海而皆准”的理念：我们每个人都本能地拥有生存、适应和发展所需要的一切。幸存者已经意识到，正是他们在日常生活中积累的各种技能，为他们提供了克服逆境和挑战的应对之法。幸存者已经知道，危机往往能够激发他们的潜能。幸存者已经学会，要在糟糕的处境下去寻找天赐良机。

在当今世界，无论是在极端情境之下，还是在日常生活、工作和健康等方面，我们所有人都需要成为逆境幸存者。本书所蕴含的智慧已经超越了时间和空间的界限。尽管每个人都可能具有幸存者人格，但通常我们并不知道该如何将它们展示出来，并将其用作自己生活中生存和发展的必备技能。当与他人谈论幸存者人格时，有人虽然会说“我有这个特质”，却无法确切地表达它究竟意味着什么。本书可以打消人们的这种顾虑和犹疑。

与其他生物相比，我们人类具有奇妙的优势。我们不仅可以做出某个简单的条件反射，还能对生活事件有意识地做出选择。当我们认识到自己可以对逆境和挑战有意识地做出反应时，就不用单纯地依靠本能进行选择，而是可以在深思熟虑之后做出选择。

你对变化怀有何种态度，将决定你的生存能力达到何种程度。了解关于“为何以及如何改变你在压力情境之下的反应方式”的基本理论，并且实践本书中的练习，将带你发现你与生俱来的能力，使你在面对变化时更为从容。你将发现，灵活地应对和适应逆境并在其中生存和发展的能力，与你在日常生活中运用的能力很大程度上是一致的。通过本书，你将会了解到：曾经使你殚精竭虑的某次经历能转而有助于调节你的情绪；曾经使你痛苦崩溃的某个困境能转变成你所经历过的美好境遇。

在研究幸存者人格和抗逆力的过程中，阿尔具有丰富的经验，并提出了独到的见解。我们相信，本书能使你更好地理解“为什么培养自己的抗逆力和幸存者人格至关重要”，同时为你提供培养抗逆力和幸存者人格的必要工具。

克里斯汀·平塔里奇

莫莉·西伯特

推荐序二

在我的成长过程中，父母教给了我关于生存的经验。我的祖父在我父亲还是一个孩子的时候就去世了。父亲告诉我，这是值得他铭记一生的事情，因为这段经历教会了他如何生存。在面对逆境时，我的母亲告诉我："事情本该如此。凡事物极必反，否极泰来。"我总是会惊讶地发现，母亲说的话常常是对的。

大多数人没有从父母或教师那里接受过有关生存的教育。如果你有幸接受过这方面的教育，那么本书将证实"你了解到的理念是正确的"。本书不仅会向你展示幸存者人格和抗逆力的具体内涵，而且还能告诉你如何获取以及在自己身上运用它们。

虽然很多人都抱怨生活的不公，但他们所抱怨的事情恰恰证明了"生活到底有多么公平"。生活不歧视任何人，每个人在生活中都可能会遇到困难。作者用他的智慧和经历，不仅向你展示了"如何生存"，还告诉你"如何在逆境中成长"。

有些人会在被医生宣判了"死刑"之后康复。我询问了很多幸存者："当大家都认为你必死无疑时，为什么你能逃过一劫？”我了解到，他们能够康复并非出于运气、奇迹或诊断错误，他们所有人都知道，他们为自己能够生存下来付出了多么艰辛的努力。对于那些经历过自然灾害和其他灾难性事件的幸存者而言，情况也是如此。他们知道，自己之所以能够生存下来，并不仅仅是因为幸运，更是因为他们具有某些人格特质。

幸存者具有某些人格特质，而人们可以理解并学习这些人格特质。谁也无法用外力把你变成一个幸存者和成长者。你必须自己愿意这样做。谁也无法改变你，只有你可以改变自己。请注意，在这一改变的旅程中，很多人已经走在了你的前面。他们在厚厚的积雪中艰难跋涉，为你留下了痕迹。沿着他们的脚步前行，将使你的旅程轻松一些。对于如何做出改变，你不必成为探路者。

你为什么要努力？你是选择自我保护、自我忽视，还是自我毁灭？事实上，关爱自己并不是自私的行为。如果连你自己都不关爱自己，那么谁会去关爱你？要想生存下来，你需要认识到，你不仅要会扮演某个角色，更要活得有尊严、有价值！在运用本书的智慧开启你的旅程之前，我想强调如下人格特质。

一是，有血有肉、有感情。你必须关注自己的身体状态。虽然麻木或分散注意力会使你暂时忘却疼痛，但它们不能帮助你生存。

二是，从痛苦中学习。你要认识到，痛苦可能预示着新的开始。如果你不能从痛苦中学习，你就会迷失自己。

三是，通过“孩子”的眼睛看世界。如果你想在面对痛苦时坚持下来，那么你要常怀赤子之心，并且富有幽默感。

四是，具有共情能力，会同情别人。请你向幸存者了解共情和同情的重要意义。

五是，用创造力和直觉引领自己。请记住，你生活在“当下”！幸存者不是生活在过去，也不是生活在将来。我保证，如果你意识到自己生活在此时此刻，那么你会讶异于自己头脑中富有创意的思路和想法。

亲爱的读者，请做好准备，开启你的个人之旅，共同参与创建一个有利于自身和外界的生存环境。在你读完本书之后，去找一位幸存者当作你的榜样。对我来说，这个人就是拉西。每当我遇到困难的时候，我会问自己：“如果是拉西，她现在会怎么做？”无论你的榜样、灵感或动力是在哪里找到的，你都会发现，生存行为的本质是对所有生命的尊敬，也是对所有苦难富有同情的回应。

伯尼·西格尔，医学博士

《爱情·治疗·奇迹》(*Love, Medicine, and Miracles*)、

《信念·希望·治愈》(*Faith, Hope and Healing*)、

《如何应对办公室来访者》(*How to Live Between Office Visits*)

等书的作者

目录 CONTENTS

推荐序一

推荐序二

第 1 章
生活并不公平：明白这点对你非常有益 // 001

第 2 章
好奇心：学习没人能教给你的东西 // 017

第 3 章
灵活性：一种必备技能 // 029

第 4 章
协同性：使事物顺利发展的需求 // 047

第 5 章
共情能力：一种生存技能 // 057

第 6 章
幸存者的优势：直觉、创造力、想象力 // 068

第 7 章
创造天赐良机：将不幸转化为幸运 // 089

第 8 章
打破“好孩子”障碍 // 098

第 9 章
从逆境中成长 // 114

第 10 章
抗逆力的根源：你的内在自我 // 139

第 11 章
自我管理式治疗 // 153

第 12 章
应对紧急事件与危机 // 186

第 13 章
成为幸存者之后 // 204

第 14 章
你的转型：了解生存与发展 // 215

致谢 // 220
参考文献 // 222
延伸阅读 // 229
扩展资源 // 232

第 1 章

生活并不公平

明白这点对你非常有益

当你遇到逆境或者人生出现重大变故时，你会有何反应？有些人会觉得自己受到了伤害，指责他人造成了自己的困境；有些人会把自己封闭起来，感到无助和不堪重负；有些人会很愤怒，抨击并试图伤害别人。

然而，有些人会从自身内部寻求解决办法，并找到摆脱困境的方法，从而最终获得令人满意的结果。这些人是生活中优秀的幸存者，他们具有惊人的能力，可以从生存危机和极端困境中挺过来。在不幸的境遇中，他们能够随机应变，坚持下来，迅速地平复情绪，适应环境并有效应对。通过从逆境中获得力量，他们从容应对困难，并往往能够将不幸转化为幸运。

这些生活中优秀的幸存者与其他人相比有什么不同之处吗？答案是否定的。之所以他们能够更从容地应对挫折、挺过危机、积极生活，是因为他们更善于运用所有人都与生俱来的那些能力。

从容应对危机：运用与生俱来的能力

大多数人不知道该如何应对困境、危机以及持续的变故，如果你也一样，那么本书会引导你运用与生俱来的幸存者人格，使得你在处理眼前的种种难题时，拥有更大的选择空间。本书将教会你：

- 当生活出现混乱时回到正轨。
- 以有效的方式应对不公平的倾向。
- 培养一种能够获得天赐良机的才能。
- 破除在童年期形成的、妨碍你有效应对困境的禁令。
- 增强处理破坏性变故的自信心。
- 避免像受害者一样做出反应。
- 在不断变化的世界中从容应对困境。

1927 年，一位 25 岁的插画师和他的哥哥在加利福尼亚州南部开办了一家动画工作室。由于他们是较早掌握动画艺术的一批人，他们的工作室得以与纽约影视发行人查尔斯·明茨签署了一份为期一年、酬金可观而且还能续签的合同，来制作名为《幸运兔奥斯华》(*Oswald the Lucky Rabbit*)的系列动画片。

作为《幸运兔奥斯华》的版权拥有者，明茨派他的内弟乔治·温克勒去插画师的动画工作室观摩其工作。温克勒在该工作室待了好几个星期，结识了动画片的制作人员，熟悉了制作流程。

在合同即将到期之际，这位插画师希望能与明茨续签合同，并且重新谈谈酬金问题。于是，他带着妻子莉莉安一起乘火车去了纽约。然而，在插画师与明茨的谈判过程中，明茨告诉他，如果他们兄弟二人想续签合同，必须减少酬金。插画师感到始料未及，据理力争，如果减少酬金，那么他将无法继续制作《幸运兔奥斯华》。

在他们就新的酬金问题争论不休的时候，插画师发现，温克勒早已说服了明茨自行制作《幸运兔奥斯华》。原来，温克勒在来插画师的工作室观摩的那段时间，就秘密挖走了几名顶尖的动画制作人员。明茨和温克勒认为，自行制作《幸运兔奥斯华》可以削减成本、增加利润。他们在谈判中的策略就是，减少酬金，从而迫使插画师自行放弃续签合同的权利。

温克勒和明茨的目的达到了。

插画师和他的妻子既生气又难过，只好离开纽约，回家了。在此之前，他信任明茨和温克勒，信任自己的员工。他严格履行自己这方的合同，并期待得到对方的公平回报。插画师曾经为了按时完成工作多次连夜赶工、周末加班，最后却在毫无防备的情况下，被夺走了《幸运兔奥斯华》的丰硕成果。他曾为《幸运兔奥斯华》花费了大量心血，却不能继续制作它了，他的工作室也失去了唯一的大客户。

将不幸转化成幸运

然而，这位年轻的插画师并没有做出一般受害者面对不公正待遇时的反应。在乘火车返乡期间，他反复考虑了自己的处境，决心自行创作属于自己的卡通角色，而不是等着被雇用去为别人的创意工作。

他回忆起自己的第一份插画工作，当时他就职于堪萨斯城一座老楼里的一家广告艺术工作室。在面对画板长时间工作期间，他用食物碎屑来训练住在楼里的一只老鼠，还给这只老鼠起名叫“莫提默”。

“就以老鼠莫提默为原型创作一个卡通人物怎么样？”他问妻子莉莉安。

莉莉安认为，“莫提默”这个名字听起来太沉闷了，这个卡通人物需要一个更有趣、更活泼的名字。她说：“就叫‘米奇’怎么样？”

你可能已经猜到了，这位插画师就是沃尔特·迪斯尼！回到工作室之后，沃尔特就和他的哥哥决定采用一种新技术，从而在动画中加入声音。沃尔特热情地投入到新动画的制作中。接下来的事情众所周知。

新的动画片很快就取得了成功。“奥斯华”很快就退出荧屏，而接下来“米老鼠”成了有史以来极为经典的卡通人物。沃尔特·迪斯尼没有把自己当成一个受害者，而是将明茨和温克勒不道德的行为转化为发生在自己身上的“美好经历”。

许多成功人士都经历过类似的事（可能没有这么戏剧化），而这些人具有一个共同特点：发挥了幸存者人格的魅力。

发现幸存者特质

我对幸存者的研究兴趣始于 1953 年。当时我参加了美国伞兵部队，被派往肯塔基州的坎贝尔堡接受基本训练，并被分配到美国第 503 空降步兵团。美国第 503 空降步兵团在战争中受创后回到美国，据说当时只有 10% 的人幸免于难。

此前，我们都听说过有关美国第 503 空降步兵团的故事。在第二次世界大战期间，这支部队战绩显赫，汇集了一群“丛林战士”，他们坚韧不拔、势不可挡，能致敌死命。他们将成为我们的训练官，这让我们对之后的训练感到很紧张。大家都在说，军营里到处是一些刻薄的、总是大声叫嚷的军士与军官。

然而，当训练开始后我们才发现，那些军士与军官和我们之前想的并不一样。他们虽然很强硬，但也会表现出耐心；他们虽然对我们要求很高，但也会适当给予宽容。当一个受训士兵犯错时，他们可能会哈哈大笑，觉得这个错误很可笑，而不是为此火冒三丈。他们也许会直言不讳地对那个受训士兵说：“要是在战场上，现在的你已经是个死人了。”然后，他们就走开了。

事实证明，能从战场上死里逃生的人，更像艾伦·艾尔达扮演的“鹰眼”[一]，而不像西尔维斯特·史泰龙扮演的“兰博”[二]。例如，美国海豹突击队的一名指挥官曾公开表示：“兰博那样的人是最先出局的。”

我注意到，在我们的训练中，战争中的幸存者就好像拥有一台总是处于扫描状态的个人雷达，任何事情或任何噪声都能迅速引起他们的注意。他们在放松的状态下保持警惕。我留意到，这些人之所以能成为从战场上死里逃生的少数人，不仅是因为他们幸运，更是因为他们的一些人格特质让形势向对他们有利的方向扭转。

这些人并没有强调“适者生存”。他们是如此自信，以至于没有必要刻意表现得刻薄或强硬。他们知道自己能做到什么程度，显然也不觉得自己有必要去向他人证明什么。我们这些受训士兵知道，如果我们不得不去参加性命攸关的战争，这些人就是我们希望与之并肩作战的战士。

幸存者的标准

若干年之后，当我还是一名临床心理学专业的研究生时，我发现，对于那些能在压力下保持良好状态的人，心理学家和精神科医生似乎并没有进行充分的了解。毕业之后，我开始研

[一] 在美剧《陆军野战医院》中，“鹰眼”是一名爱搞恶作剧的外科医生。——译者注

[二] 在电影《第一滴血》中，“兰博”是一名顽强不屈的硬汉。——译者注

究幸存者以及幸存者人格。我认为，幸存者应符合以下四条标准。

- 他们能成功挺过重大危机，或成功迎接挑战。
- 他们能通过个人努力战胜危机。
- 他们能发掘未知的力量和能力，摆脱困境。
- 他们能找到逆境的价值。

以幸存者的四条标准为参考框架，我列出了以下问题，希望通过研究得到相应的答案。

- 拥有某些可怕经历的幸存者是如何做到保持心情愉悦的？
- 这些幸存者是否拥有某些共同的人格特质？如果是的话，这些人格特质是什么？
- 一个人的幸存者人格能否既与他人类似，又具有自己鲜明的特质？
- 幸存者人格是人们天生拥有的，还是后天习得的？
- 如果幸存者人格是后天习得的，为什么很多人在成长过程中没有习得这样的幸存者人格？
- 拥有幸存者人格的人在全人类中占有多大比例？
- 拥有幸存者人格的人在不经历危机时是什么样的？有什么办法能在生活平静顺利时识别出这些优秀幸存者？

寻找前进的方向

优质教育的益处之一是学会如何学习。多年来，我接待了数百名来访者。在阅读他们的自述报告时，我保持着一种充满好奇、开放的心态。我接待过的来访者包括：经历过第二次世界大战的幸存者；经历过犹太人大屠杀的犹太幸存者；战俘和退伍军人；战胜了癌症、脊髓灰质炎、头部受伤以及其他严重生理问题的幸存者；经历过地震、海啸、飓风等自然灾害的幸存者；经历过强奸、虐待的幸存者；解决了成瘾问题（酒精成瘾、关系成瘾）的幸存者；经历过人生重大变故（破产、家人被害）的幸存者。我不由得对那些“即使受到服务对象的恶意诋毁，却依然保持活力、投入工作的”社会公职人员产生了好奇。

我以一种静默的心态吸收了来访者告诉我的一切，汇集大量的信息，从而逐渐摸索出研究的方向。渐渐地，我开始感受到某些模式、某些可预见的素质和某些反应方式。例如，在我看到幸存者因自己所做的一些糗事而哈哈大笑时，我不再感到惊讶。

我了解到，这些幸存者只是普通人，他们并不完美，他们有缺点、有烦恼。当人们称他们为“英雄”时，他们自己并不认同这个称呼。2009 年，切斯利·萨利·萨伦伯格（萨利机长）驾驶全美航空 1549 号航班，在纽约哈德逊河成功进行水上迫降。萨利机长淡化了自己在这起成功迫降中的功绩，而把这归功于该航班的机组成员，以及所有人的飞行经验和接受过的培训。事后，媒体对该航班的机组成员进行了采访。他们表示，他们需要花上一段时间才能从那段痛苦经历中恢复过来，他们并不是那种可以立即使一切完全恢复如初的超人。萨利机长在接受拉里·金的访问时说："我需要花些时间才能真正在心里接受这次经历，并且让我的睡眠时间恢复正常。"登上全美航空 1549 号航班上的每个人都用各自的方法来恢复到原有状态，而一个好的迹象是，航班机组人员参加《大卫·莱特曼深夜秀》(*The Late Show*)时，能够轻描淡写地谈起自己的经历。

重要的是，你要明白，当一群人被枪手无差别射击、被困在沉船中，或者身陷一座起火的大楼时，机会和运气才是关键的因素。这就好像通过抛掷一枚硬币来决定"哪些人可以活命，哪些人必须去死"。不过，在每一次危机和紧急状况下，确实有一些人活下来的可能性更大。如果你在遭遇过一次重大灾难之后仍然活着，那么确实可能存在某个瞬间，你在当时的所作所为能够改变命运。

我了解到，有些人天生具有完善的幸存者人格，他们是生命竞技中天生的运动健将，具有高效解决问题的本能。我们其他人则需要通过有意识的学习来培养自己这方面的能力。正如要想成为音乐家或艺术家就必须上课和练习一样，我们必须努力学习如何应对不好打交道的人、不良的处境以及破坏性的变故。

我了解到，一些生活中优秀的幸存者是在非常糟糕的家庭环境中长大的，而很多特别不擅长处理生活波折的人则来自生活环境非常理想的家庭。世界上很多坚强的人所经历过的事情，都不属于常规事件。他们在人生这所学校中强大了起来。他们受过虐待、蒙骗、欺诈、抢劫、强奸、不正当对待，受过生活所能带来的最沉重的打击。然而，他们的反应是振作起来，总结重要的经验，设定积极的目标，并且重塑自己的人生。

我了解到，人们往往要到遭遇重大逆境之时，才会被迫激发出自己之前很少用到的潜藏在最深处的力量和能力。杰出的幸存者研究者朱利叶斯·西格尔（Julius Segal）说："在相当多的案例中，那些遭受过痛苦并战胜痛苦的人发现，在经历磨难之后，他们的境界和行动力会更上一个台阶……人生中那些糟糕的经历尽管会给我们带来痛苦，却也可能成为我们的救赎。"

查理·普拉姆少校成为战俘后，在一个 8 英尺[㊀]×8 英尺的石头牢房中被关押了 6 年。他没有可以看到外面的窗子，也没有书报可以读。他经常被捆绑、殴打，并遭受残酷的审讯。现在，当谈到作为战俘的经历时，他说："这很可能是我生命中最有价值的 6 年……一个小小的逆境可以带给一个人的收获是惊人的……就我的这段经历本身来说，我确实觉得有意义。"

㊀　1 英尺 = 0.3048 米。

奋发向上者 vs. 受害者

你会一次又一次地听人们讲起自己的故事，称那些危及生命的磨难是他们人生中最宝贵的经历。与此同时，一些身体健康、有工作、与相爱的家人居住在安全环境中的人，却在抱怨自己的生活，就好像他们正在遭受着折磨。

我们与生活事件的互动方式决定了我们生存和发展的良好程度，我们的人生态度比自身所处的环境更能决定我们的生活状态是否健康顺遂。在同样的环境下，有些人感到痛苦难耐、不堪重负，而另一些人感觉良好。近年来，成千上万的人因为并非自己的过错而失去了工作，一些人因此变得心灰意冷，经济上也出现了问题，而另一些人却能发现自己的优势，开始进行小规模创业，始终保持奋发向上的精神状态。

幸运的是，几乎每个人天生就拥有学习如何处理不公平待遇和烦心经历的能力。事实上，任何人都可以学习如何更好地应对生活中的挑战。通过学习应对困境的方法，人们可以避免做出受害者反应（抱怨型反应）。

我的教学挑战，你的学习挑战

通过对优秀幸存者的多年观察和学习，我确信以下事情。

- 一个人可以自主习得幸存者人格，但无法教会另一个人获得幸存者人格。

- 幸存者人格和幸存者精神从日常生活习惯发展而来，在必要的情况下，这些习惯可以增加生存机会。
- 在面对生活中的意外挑战时，与言行依靠他人指导的人相比，自主习得幸存者人格的人能够应对得更好。在应对挑战方面，每一位优秀幸存者都有一种适合自己的独特应对方式。

对一名教师来说，这是一个令人沮丧的情境！我该怎么去向别人教授他们要自行习得的东西呢？如果说，专家的建议未必能帮助人们切实地战胜困难，那么我又该如何向他们提供关于生存和发展的建议呢？

我的方法是向你提供一些技巧指导，告诉你该如何管理自己的学习。如果你已经阅读过很多自助类图书，那么你可能已经留意到，这类图书的作者在开篇通常会说，因为现有的自助类图书对人们没有太大帮助，所以人们要编写自己的习惯或原则清单，才能最终获得成功、财富、爱、力量、健康。这些作者会说，他们的作品将帮你省下阅读其他自助类图书的时间和精力。

然而，任何计划的有效性或可行性都来自为学习付出的艰辛努力。在人生这所学校里，责任在于学习者一方，而不在于教师一方。通过反复“试错”，你将了解到哪些适合自己，哪些不适合自己。真正的自我提升、自信心和精神发展来自现实生活以及日常经验，而不只是书本或工作坊。

因此，我的方法是为你提供技巧指导，告诉你如何习得并提炼出你自己的生存之道，从而完善技能并摆脱困境。本书不是一本理论书，而是解决实际问题的实用指南。你可以把本书当成一本手册，它将告诉你如何发现别人无法向你揭示的、你与生俱来的能力。

本书内容

好奇心是颇为重要的幸存者人格。当你询问有关事物发展规律的问题时，你将在本书中获得可以在新的情境下使用的实用性知识。

在当今的工作领域，很多人作为自我指导团队的成员自主完成工作。类似地，面对挑战你也需要自我摸索着前进。第2～6章会告诉你如何在不断变化的世界中应对挑战和提升自我，如何运用独特的思考和行为方式来变得奋发向上，如何去接纳持有消极态度的人，而这一切，都没有权威人士来告诉你应该怎样做。

本书包含一些心理学原理。如果你仅仅需要处理特定问题的指导方针，那么你可以跳过心理学原理的部分，但是请注意，你的学习不要局限于某一个限定的情境。了解问题背后的心理学原理将对你很有帮助。如果你理解了这些前因后果所涉及的心理学原理，那么你可以将这些原理应用于范围广大的、意想不到的新情境之中。

优秀的幸存者是那些能够找到某种方式将不幸转化为幸运的人。第 7 章解释了为什么“能够获得天赐良机的才能”是幸存者人格的主要指标，以及如何培养自己这方面的能力。

对大多数试图突破困境的人来说，最大的挑战是摆脱那些无形的情感障碍。大多数孩子天生具有学习如何生存和成长的内在动机。然而，当父母和老师试图将孩子转化为“好孩子”时，他们自我激励的自然过程就会被打断。在第 8 章中，我会对这种现象进行分析。

不断加快的生活节奏给很多人带来了繁多的挑战——过大的压力、过多的变化、消极心理、愤怒情绪以及超出我们控制范围的人生变故。第 9 章和第 10 章为你突破逆境提供了强有力的指导。在每个事例中你可以看到，幸存者是如何“从容应对危机，将逆境转化为顺境，促进个人成长”的。如果你正试图突破极端困境，那么请直接阅读第 9 章。

如果遇到生死攸关的情况你该怎么办？第 11 章和第 12 章会让你深切地了解到其他人在陷入最糟糕的处境之后都做了什么。正如朱利叶斯·西格尔在《赢得生命中的艰难之战》（*Winning Life's Toughest Battles*）中所建议的那样，我们可以通过幸存者战胜危机、灾难和病痛的经验来学习多种生存方式。例如，因失业数月而苦苦挣扎的人可以借鉴别人战胜癌症的生存方式。

在人世间，没有一种生存方式是毫无缺点的。第 13 章罗列了幸存者会遇到的一些困难，以及如何处理这些困难的建议。

第 14 章的内容有助于你制订自我管理式学习计划，开发自身的生存和发展技能。

维克多·弗兰克在《活出生命的意义》（*Man's Search for Meaning*）中，引用了尼采的名言："杀不死我的，只会让我更坚强。"本书将告诉你如何应对破坏性的变故，如何挖掘自身生存意志，如何从逆境中获得力量，如何将痛苦和不幸转化为幸运……

第2章

好奇心

学习没人能教给你的东西

大部分入门级心理学教科书将“学习”定义为由经验导致的相对永久的行为变化过程。在一个持续变化的世界中，你若想要改变，就需要学习。“变化”与“学习”是密不可分的。

源自经验的自我管理式学习会促使你奋力拼搏。在某种程度上，孩子在游戏中进行自我管理式学习。游戏就是学习，这是最自然的方式。

了解事物的发展规律：在人生中尝试

游戏和尝试与人类的生存息息相关。与动物幼崽不同，人类婴儿没有与生俱来的依靠自身生存的能力。与其他物种相比，人类需要更多的时间来学习如何照顾自己。在这里，值得注意的一条原则是：某一物种的幼年个体在出生时的独立生存能力越强，其在之后的生活中能学到的东西就越少。

杰出的儿童教育家玛利亚·蒙台梭利指出，孩子的游戏“是需要付出努力的，并且能使他们获得未来需要的新力量”。许多年前，心理学家罗伯特·怀特在发表于《心理学评论》

（*The Psychological Review*）的一篇论文《对于动机的再思考：胜任力的概念》（Motivation Reconsidered: The Concept of Competence）中解释说，“人类生而拥有的东西如此之少”，以至于“不得不学习如此多的东西来适应环境”。所谓孩子的游戏就“包括发现自己可能对环境产生的影响以及环境对自身的影响”。在某种程度上，这些发现通过学习得以保留下来，久而久之将使人们适应环境的能力得以提升。

如何了解自己能做什么

每个人的成长和发展都受到三种学习的影响。

第一种学习是内在的、自我激励、自我管理式的学习。它直接来源于经验，来源于探索和游戏的强烈愿望。

第二种学习来源于对周围人的模仿。通过模仿，我们获取了其他人的行为模式。

第三种学习是由他人指导和控制的。不幸的是，教师和家长给予孩子的过多训练和指导，使得孩子远离了他们天生具有的自我管理式的学习能力，从而有些学生只会被动地等着别人去教他们，有些员工只会被动地等着别人去告诉他们该做什么。他们习惯了让别人指导自己应该思考什么、感受什么和做什么。

虽然早早地固定孩子的行为方式、思考方式和谈话方式，可能会让成年人觉得抚养孩子很省心，但孩子会变得好像“被预先设定了行为模式的小动物”，被阻隔在自我管理式学习和未来的人生改变之外。在瞬息万变的世界中，陷入固定模式的人更不容易适应环境。

重要的是，你要认识到，孩子天生爱问问题的倾向容易受到成年人的压制，而不是鼓励。回想一下你小时候，当你缠着父母问问题时，他们称赞你了吗？在老师的上课过程中，当你打断他，问了与课程无关的问题时，他认可你了吗？在高中毕业典礼上，你见过有毕业生因为在课堂上爱问问题而被授予“优秀毕业生”称号吗？有很大概率是没有。

在大部分家庭和学校中，问问题并不被视为需要培养的技能或才华，与学到答案相比其重要程度往往被忽视。这就是事实。生活中优秀的幸存者总是爱问问题——好的问题、无礼的问题、糟糕的问题。

善于适应变化的人常常像“好奇心强、活泼有趣的孩子”。他们将童年时代对世间万物的好奇心保留了下来，喜欢研究事物是如何发展的，可能会因自己的发现而兴奋、大笑，并抓住周围的人展示自己的发现。这些人往往喜欢以游戏的方式接近吸引自己的东西。他们在游戏中学习和了解事物是如何发展的。对于环境、他人以及自己的经历，他们都满怀好奇心。

一辈子都像个孩子的人会问：这是怎么回事？那又是什么？如果我这样做了，就会怎么样？如果我以另一种方式做，就会发生什么？如果我尝试了不同的东西，会怎么样？

发现因果关系

人们在一次次尝试中探索行为和结果之间的关系。在经历过这种因果关系之后，人们可能会重复某一行动，以确认会出现相同的结果，或者试着换一种行为方式，来观察结果是否发生变化。

通过尝试，人们可以获悉多个事件之间的因果关系。如果你做了某件事，那么通常会得到相应的结果。如果某个老板让员工废寝忘食地加班，还把功劳只记在自己头上，那么员工再遇到紧急情况也不会像过去那般努力了。通过尝试，人们可以切身感受因果关系。尝试就是从你自己的经历中学习。

有着游戏心态的人似乎常常透着傻气。罗伯特·富尔格姆在《我在幼儿园学到了人生所需要的一切》（*All I Really Need to Know I Learned in Kindergarten*）中指出，他非常喜欢把衣物从烘干机里拿出来后，进行分门别类，因为“刚烘好的衣物带了很多静电，你可以浑身粘上袜子，而且还掉不下来”。有一次，当妻子发现他身上挂满了保暖袜时，他说：“她用‘一种异样的眼神’看了我一眼。事实上，我们无法做到总是向每个人解释自己所做的一切。”

好奇心可以引导一个人找出自己能够远离的东西。当一些人被告知某项特定规则时，他们可能只是为了看看打破规则会引发什么样的后果而去打破某项规则。有时，这样的人会秘密进行尝试。虽然在别人看来，有着游戏心态的人可能是在浪费他们自己的时间，但他们自己知道，这种游戏般的做法会帮助他们了解自己和这个世界。

获得能力

我们自己找到的解决方案，往往比其他人提供给我们的解决方案更有用。当自己的所思所想不符合他人的想法时，生活中优秀的幸存者并不会为此而特别受到困扰。他们将尝试不同的想法或角度，以找出最有效的方法。至于谁是对的，他们似乎没那么感兴趣。他们更加感兴趣的是事物之间的因果关系。此外，他们不断寻求能够解释事物如何发展以及如何使事物更好地发展的信息和新理念。

在人类活动的每个领域，真正有能力的人是那些能超越自己老师的人。他们学会老师教的东西，可能会尝试模仿别人做得好的事情，然后继续学习别人无法教给他们的东西。相反，照搬他人成功路径的人很少能够达到他们应有的水平。

想一想你认识的杰出人士。他们之所以如此成功，主要是因为参加过某个课程或培训项目吗？并非如此。成效、能力、技能以及掌控感都来源于自我激励、自我管理式的学习。

获得人生智慧

编制智力测验的心理学家遇到了一个问题。在智力测验中，十七八岁的被试与三四十岁的被试相比，两者表现得一样好，或者前者比后者表现得还好。进行过尝试之后，心理学家还是无法编制出能使成人得分高于高三学生得分的智力测验。心理学家的解决方案是采取某种专业手段，即把每个年龄组在智力测验上的平均智商得分均设定为 100 分。因此，在同一项测验中，即使 18 岁年龄组的智商得分高于 40 岁年龄组，两个年龄组的平均智商得分也都被设定为 100 分。

智力测验无法衡量一个人应对人生挑战的程度，也无法衡量这个人是否具有人生智慧。如果智力测验能做到，那么在“如何在大城市生存下来”这个问题上，受教育水平低的出租车司机将比大学教授得分更高。拥有高智商与拥有人生智慧迥然不同。刚毕业的工商管理硕士不可能就任苹果公司的总裁一职，并改变公司不盈利的状况，然而史蒂夫 · 乔布斯在 1997 年回归苹果公司时做到了。2009 年，他被《财富》（*Fortune*）杂志评为“美国 10 年内最佳首席执行官”，这需要有多年经验的人才能担当得起。

随着岁月的流逝，人们如何变得越来越具有人生智慧，如何变得越来越优秀？

当人们在生活中充满好奇心，遵循直觉的引导，从经验中学习时，他们会变得越来越具有人生智慧。心理学家丹尼尔 · 戈尔曼在《情商》（*Emotional Intelligence*）中指出，这种与世界互动的方式促使人们进入并发展情商的心流状态。他指出：“心流可能是驾驭情感并有助于表现和学习的终极力量。”

当人们能够提出问题并寻找答案，勇敢地进行人生的尝试，宁愿让自己看起来傻乎乎或犯错误时，他们就能够越来越具有人生智慧。这样一种对世界和自身经验的定位，能够使你对自己所处的世界有一个日益准确的认识，并不断提升自身技能。

如何从经验中学习

一位职业康复专家曾对我说："在你小时候的学校教室里，你会先上课再考试。然而，在人生这所学校里，你先接受试炼，然后生活给你上了一课。"

这个专家的说法是对的。问题是，一个人或一个组织如何从经验中学习？以下是一些有用的指导意见，供你借鉴。

- 当你感到烦恼时，你要将情感表达出来，将负面情绪清除出去。
- 你要学会对经验进行反思，以观察者的视角，在你的脑海中重现事件过程。你要避免对发生的事情进行辩解或谴责他人。如果在事情发生之后，你只会质疑和抱怨他人，你是学不到东西的。例如，管理者在责备某个人或团体犯错误时会妨碍自己的学习进程。
- 你可以向朋友描述事件过程，或者记在日记里。
- 你要学会问自己：你从这段经历中学到了什么？如果这样的事情再次发生，那么你会怎么做？

- 你可以想象一下，如果这样的事情再次发生，那么你会以更为有效的方式来解决问题，然后用你希望的方式加以演练。

现在，请花点时间思考一下你遇到过的困难，比如离婚或工作中的重大事故。按照上述建议，你可以审视自身，找到你忽略的早期线索，决定下一次该怎么行动。当你以这种方式对自己的经验进行分析时，你会对将来更好地处理类似情况增强自信。

让欢笑伴随学习

为学到的东西感到开心是一个很好的迹象，这表明有价值的学习已经发生了。有价值的学习能引发个人成长，调节情绪，促进心理健康。与提高生活能力有关的学习不仅产生于头脑中，还发生在身体上。

作为对学习的反应，欢笑意味着健康的情感教育正在发生。富有洞察力的学习，特别是关于自身的学习，可以是一种愉快的体验，这种体验可以伴随你很长时间。

以欢笑与游戏心态作为生存技能

艾伦·艾尔达扮演的“鹰眼”就是一个将自己的游戏心态

用于缓解恶劣情绪的人。“鹰眼”知道，作为一名流动战地外科医院的外科医生，他的首要职责是运用自己的医疗技能给伤病员治疗。“鹰眼”是一名志愿兵，他时刻保持着轻松愉悦的心情。

在面对伤亡时，“鹰眼”发明了一种保持轻松愉悦的方法。他会破坏军事纪律，但永远不会违反自己的职业操守。当刻板固执的医生弗兰克·伯恩斯威胁“鹰眼”时，“鹰眼”通常会笑一笑，并想出一个办法让对方感到尴尬。

生命力强的人经常做的是“笑对威胁”。面对他人的威胁，他们的反应就好像武术大师面对来自一个孩子的攻击时所做出的反应。欢乐的笑声可能就是他们面对威胁时所做出的反应。由于他们并没有觉得自己受到了威胁，因而能够安抚那些处于高度紧张状态的人。

游戏与欢笑相伴而行。游戏可以让你时时参与到周围正在发生的事情中去。游戏精神让你保持“这种处境就像是我的玩具，我想和它怎么玩就怎么玩”的态度。我的一位朋友回忆说，她曾陪同一位因恶性肿瘤而不得不切除一侧乳房的朋友一起去医院。之后，当她的那位朋友开始从麻醉状态中恢复过来时，我的朋友问她：“你还好吗？”她的那位朋友低头看了看胸部的绷带说：“我很好，我还有‘沟’呢！”

“你有什么？”我的朋友问。

“他们把‘乳’拿走了，但是我还有‘沟’呢！”她笑着说。

我的朋友告诉我："我在那一瞬间就明白了，有着这样的幽默感，她会好起来的。"

幽默感和游戏心态可以让你对所处环境重新进行情绪上的定义。当人们带着游戏心态去观察生活时，他们会在放松中抱有一丝警觉，从而能够发现常被忽略的问题。保持幽默感可能会给你带来创造性的解决方案。

自我管理式学习的益处

好奇心、提问题、游戏、尝试和欢笑可以使人们从失败中学到宝贵的经验教训，并培养出新的力量。卡罗尔·海厄特和琳达·戈特利布在《当聪明人失败时》(*When Smart People Fail*) 中说道："我们交流过的每个人（特别是成功人士），几乎在过去都曾经历过一些重大失败。"海厄特和戈特利布对176 名成功人士进行了深入访谈，指出"塑造我们的是自己应对失败的方式，而不是失败本身"。两人发现，与她们会谈的大部分人都是"学习者"，并因此得出结论："如果我们从经验中学习，那么我们可能不会失败。"

通过自我管理式学习，你可以学到以下几点。

- 迅速了解当前处境以及新的发展倾向。
- 有效地适应变化。
- 从糟糕的经历中总结出有用的经验，以积极的态度迎接下一次事件的到来。

- 建立自信，比过去更愿意冒险。如果事情没有朝你期望的方向发展，你也能从中学到有用的东西。
- 尝试他人的建议，看看这些建议对你的有用程度。之后，将这些建议进行调整和修改，使之更加适应你的行为风格、处境和目的。
- 构建起一幅内部心理地图，可以越来越准确地描绘你所处的这个世界。
- 随着时间的流逝，让自己变得越来越优秀。在人生这所学校中，当你一直是个学习者时，你会变得越来越具有人生智慧。
- 做第一个适应环境或找到做某事的新办法的人。你不必等着别人来解决问题并把解决方案告诉你。
- 学习新的职业技能，或者能够为这个变幻莫测、不稳定的世界提供新的服务或产品。

学习是人们生存和发展的最佳生活方式。当变化持续出现时，学习是必不可少的生存技能。接下来我们将看到，从经验中学习将增强你的灵活性。

第 3 章

灵活性

一种必备技能

为应对艰巨的挑战，你可能需要兼具逻辑推理能力和直觉能力。虽然这两种能力可能看似矛盾，但当你需要在正确的时间做正确的事情时，同时运用这两种能力会带给你巨大的帮助。

一天，少女罗西安坐在我的面前，她告诉我，她的父母在她 5 岁时离婚了，在一天放学后，父亲把她强行带走。她在加利福尼亚州和父亲一起生活了将近 8 年的时间，在父亲被捕后又被送回了母亲身边。

罗西安告诉我：当离开加利福尼亚州的朋友时，她感到无比难过；与近乎陌生的母亲一起生活时，她是如何面对的；从加利福尼亚州的大城市搬到俄勒冈州的小镇时，她有着怎样的感觉。当罗西安快要离开的时候，她停顿了一下，对我说："有一件事我不太明白。"

"是什么事情呢？"我问。

罗西安低下头，摆弄着鞋子。"我知道，虽然我喜欢交朋友，"她低着头说道，"但有时候我又害怕和别人来往。有时我会离人们远一点，不想让任何人靠近我。"

罗西安抬起头瞥了我一眼，想看看我的反应。我感觉到她的谨慎。“很好！”我说，“我很高兴听到这一点。这意味着你的心理非常健康！”

罗西安的眼睛焕发出了光彩，她露出开心的笑容，对我说：“哇！你的意思是，我的精神没有出问题？”

“你不仅没有问题，你还比大多数人心理健康。我真的很高兴你既有积极情绪，又有消极情绪。”

“哦……”罗西安长出了一口气，“我一直担心自己的精神出问题了。”

“你没有精神问题，”我说，“像你这样优秀的逆境幸存者心中会混杂着彼此矛盾的情绪，等你再长大一些，你就会注意到了。”

与罗西安的交流验证了我的发现：生活中优秀的幸存者有时会觉得自己并不完美，而他们的不稳定情绪在某种程度上是一种力量来源。

在下面的人格特质清单中，你可以看看自己拥有哪些人格特质，并且根据自己的情况进行补充。你认为自己具有以下哪些人格特质？

人格特质清单

- 柔和／强硬
- 温和／威严
- 勇敢／胆怯
- 成熟／幼稚
- 幽默／严肃
- 友善／冷漠
- 自信／自责
- 忠厚／多疑
- 独立自主／受制于人
- 理智／冲动

- 愉快 / 不满
- 合作 / 叛逆
- 谦逊 / 骄傲
- 自私 / 无私
- 入世 / 出世
- 勤奋 / 懒惰
- 发散思维 / 聚合思维
- 冷静 / 急躁
- 害羞 / 大胆
- 慈爱 / 凶恶
- 始终如一 / 朝三暮四
- 整洁 / 混乱
- 乐观 / 悲观

……

幸存者灵活性的根本所在

起初，幸存者自相矛盾的人格特质让我很困惑。他们既严肃又幽默，既勤奋又懒惰，既自信又自责。他们的行为方式从来不是单一的，而是复杂多变的。

大部分人格测验的前提预设是，某个人不是这种类型的人，就是那种类型的人，而不会同时表现为两种类型的人。例如，流行杂志经常开展“你的理想伴侣具有哪些人格特质”这类调查，请读者指出自己的“梦中情人”具有什么样的特点。调查会将关于人的特点的两个相反描述成对列出，并要求读者在二者之间选择其一。该类调查可能会提出这样的问题：“你的理想伴侣是外向型的人，还是内向型的人？”“你的理想伴侣是爱做评判的人，还是不爱做评判的人？”“你的理想伴侣是自信的人，还是自我怀疑的人？”这类调查迫使你只能在两个选项中做出唯一的选择。通常，包含“以上皆是”或“要看具体情况”的回答将被视为无效回答，并不被列入统计范围。

在许多作品中，作者将人物描述为：要么是乐观主义者，要么是悲观主义者；要么是A型人格，要么是B型人格。然而，许多幸存者既乐观又悲观，既不耐烦又能保持平静。一个人如何能具有相互制约的人格特质呢？“成为幸存者”与“具有相互制约的人格特质”之间有什么样的关系？

当我问这些幸存者，哪种人格特质最有利于他们成为幸存者时，他们通常会毫不犹豫地选择“灵活性”。

然而，我们该如何获得灵活性呢？什么能使心理和情绪上的灵活性成为可能？

我们在著名动物行为学家T. C. 施奈尔拉的著作中找到了答案。施奈尔拉得出的结论是，要想生存下来，所有生物都必须能够趋近食物和安全，或者躲避危险。施奈尔拉将这种趋近和躲避的模式称为“双相调整模式”。

人体本身具有功能相反的肌肉系统。我们的屈肌和伸肌是两组作用相反的肌肉，它们一般都长在身体的相对位置上，以便我们控制身体的行动。

通过体内功能相反的肌肉系统，我们运用多种方式移动身体。同理，通过起相反作用的交感神经系统和副交感神经系统，我们会产生相互矛盾的情感。副交感神经系统能使我们表现出轻松平和的心情，而交感神经系统则使我们在另外的情况下出现“战斗或逃跑反应”。

这些相互制约的神经系统促使我们做出一系列针对不同情

况的不同反应。我们拥有两个受控制的起相反作用的神经系统，因而对于某个事物，我们既可能快乐地趋近，也可能恐惧地躲避。因为这两点我们都可以做得到，所以我们可以选择同时以两种彼此相反的方式做出反应。

心理状态与情绪灵活性

生理学原理通常在人格上有着相应的体现。身体的真实情况经常反映在头脑中。相互制约的神经系统和肌肉系统相应地在人格上表现为相互对立的人格特质。这些相互对立的人格特质使个体能够以两种彼此相反的方式做出反应。

双相人格特质（biphasic personality traits）可以让人在任何情况下都能以某种方式或与之相反的方式行为处事，从而提高人的生存能力。具有双相人格特质的幸存者能很好地适应变化，从而灵活多变地处理事情。他们既骄傲又谦逊，既自私又无私。

应对方式的不同选择

当你具有双相人格特质时，你就会有多种应对危机的方式。你有多少相互制约的人格特质？你在自己身上发现的相互制约的人格特质越多，你就越有可能拥有幸存者人格。

那些在高强度工作中表现良好的人，通常会具有很多相互制约的人格特质。例如，护士长必须处理各种紧急情况，解决来自患者、管理者、医生、患者家属和保险公司的各种问题，满足医院各个部门的需求，遵循所有病房管理活动的规定。

在当今不断变化的世界中，员工必须以不同的方式应对不同的情况。如果你以固定的方式应对所有情境，那么这会削弱你的适应能力。能以各种方式做出反应的能力为你提供了多种选择，使你更具灵活性。

为什么灵活性如此重要

重要的一点是，你要拥有多种相互制约的人格特质，而不要管它们是什么样的特质。一般来说，你身上具备的相互制约的人格特质越多，你这个人就越复杂，越能处理好可能出现的各种问题。我的幸存者人格研究项目的参与者都认为，灵活性是幸存者人格的重要因素。

为什么拥有复杂的个性会增加你的生存机会？你在处理复杂多变、不可预测、混乱不堪的状况时，能够做出多种多样的反应是非常重要的。在任何职业中取得成功的人都知道，对于某种状况能做出多种可能的反应比仅仅局限于少数反应更为有利。

灵活性（适应性）是在自然界与人类社会中生存的关键。两位生物学家洛鲁斯·J. 米尔恩和玛格丽·米尔恩对动物界和植物界中的成功生存模式进行了如下评述。

一代代存活下来的动植物是幸运的。它们拥有与时间地点相配合的生存模式，并且能够随着环境的变化，以正确的方向对该模式进行调整。最幸运的那些动植物具有潜在的适应性，就好像是为还没有发生的变化做好了准备，它们在变化后的世界中获得了先机。然而，对于没有那么幸运的那些动植物，其生存模式将自身限制在单一的环境中，最后它们永远地消失了。

阿伦·罗斯顿是一名攀岩爱好者。2003 年，他在攀岩过程中，他的手臂被一块重达 800 磅[㊀]的巨石卡住了。阿伦很快就意识到，自己面临着四种选择：等待被别人发现；把巨石击碎；把巨石移开；砍断自己的手臂。对他而言，死亡不是他要做的一种选择。最终，6 天过去了，他选择砍断自己的手臂。阿伦说，当时他的内心饱受煎熬，他体验到了各种各样的情绪和心理状态。他与自己争论，要不要砍断自己的手臂。虽然他的情绪从乐观转向悲观，但最终他做出了选择，从而拯救了自己的生命。

单向的错误

无法很好地应对自己生活的人，往往以单一的方式去思考、感受或行动，而永远不会考虑相反的情况。例如，很多人执着于“为自己鼓劲”，而忽视了自己需要“适时停下来”。

㊀ 1 磅 = 0.453 592 37 千克。

只能以单一的方式做事的人几乎没有自控能力，因此他们会受制于外部因素。例如，有的人不知道什么时候该安静下来，他们总爱喋喋不休，直到对方中止对话。一个人越是有意识地遵循自己偏爱的行动模式，就越是感到无助并受制于外部因素。

面对大学学习，许多大学生的表现就好像是只能有两种极端的选择：要么从早到晚地不停学习，要么从早到晚地不停娱乐。然而，在大学期间收获最大的学生是可以做到劳逸结合、学习娱乐两不误的人。他们能够有效地学习，该休息时休息，积极参加活动，丰富课外生活。

一名销售员问我，为什么他会希望时不时地休息一段时间，连续几天什么事情都不做。他说，当他为工作忙得不可开交时，可以连续工作很长时间。他负责销售的水过滤装置是一种热门产品，他可以做到在凌晨 1 点走进某个酒吧，并向调酒师和几位顾客推销自己的产品。然而，有的时候他会感到筋疲力尽，几天都不踏出自己的公寓。

他的问题出在什么地方？他的问题是，他不知道该如何正确地做到劳逸结合。在工作时，他用超过自身承受范围的意志力控制自己，而在休息时他又过分懈怠。

在为管理者举办的抗逆力工作坊中，我常常将参与者分为几个小组，并让各组列出他们所认识的最优秀和最糟糕的管理者的人格特质。当小组成员将各自列出的两类管理者的人格特质读出来时，我发现，优秀的管理者具有很强的灵活性，能既在乎事物发展方向又专注于结果，既待人友好又重视任务的达成。

旧有的思维方式认为，你的人格特质在所有情况下都是保持不变的；新的思维方式认为，你的人格特质取决于你选择如何应对自己面临的局面。

灵活性强的人懂得随机应变，在不同的情境下扮演不同的角色。在团队工作中，当工作进展起伏动荡时，他可能成为非正式的领导者；当工作进展顺利时，他可能就是安静的追随者。当团队遇到了困境，工作进行不下去时，他可能成为非常有创意的人，不断提出各种各样的想法；当其他人尝试了太多新想法时，他可能会比较保守，提醒大家要谨慎一些。当团队太过乐观时，他可能会比较悲观；当团队过于悲观时，他又比较乐观。

要想有效地观察他人并对其进行深入的了解，就要假设每个人的人格特质都很复杂、不可预测、与众不同，无法贴上单一的标签。当我们假设每个人的人格特质都很复杂时，才可能发现他人身上相互制约的人格特质。

当一个人的行为方式和人格特质发生变化，而且打破了我们的固有印象时，通过使用副词和形容词来描述他的行为和感受方式，而不使用名词给他贴标签，我们就可以欣然接受他的这种变化，而不会心神不宁。如果你认为某个人是一个“悲观主义者”（“悲观主义者”是一个名词），那么在你的固有认识中他不会以一种乐观的方式处理事情。然而，你可以在看到某个人以悲观的方式做事时，将其描述为“悲观地处理事情”（“悲观地”是一个副词）。这样你会更容易认为，这个人有时也会表现得乐观。能在其他人身上发现灵活性，将有助于培养你自己的灵活性。

培养情绪上的灵活性

如果说人们都希望在情绪上更具有灵活性，那么一个实际问题是：一个人该怎样培养相互制约的人格特质，以便提高灵活性，增加生存机会？

对成年人来说，发展的过程取决于一个人的底线在哪里。如果你不喜欢犹豫不决、自相矛盾，那么你的发展路径就是学习如何做到勇猛果敢、坚定不移。

然而，要做到这一点很不容易，需要多年的实践。为什么会这样呢？要想培养出相互制约的人格特质，通常需要你能做到以自己之前不屑的方式去做事——如果你以前看到别人这样做事，你可能会嘲笑和谴责他们。一个在成长过程中从不生气的人往往会对表达出愤怒情绪的人有负面看法。如果你是一个刚毅果决、好胜心强的人，那么说话办事好商量的人就可能被你看成“优柔寡断的胆小鬼”。

单向的感知会导致人们出现两极分化的思维方式——抗拒自己不喜欢的行为模式。这就是为什么当一个不果断的人被要求学会果断时，他的反应通常是“我不能这样做”。对这个人来说，如果他做事果断，他就好像成了一个应该受到鄙视的“专横独断者”。

当一个会让别人害怕、作风强硬的人被告知，要做一个更会欣赏别人的人或一个好的倾听者时，他会发自内心地拒绝。对专横独断的人来说，如果他好好倾听他人，对他人表达诚挚的欣赏，并受到下属的影响，那么他会觉得自己成了一个被人鄙视、软弱无能、胆小怕事的人。

如果你反对某种行为模式，那么你会对它产生厌恶之情，而这种厌恶隐藏在你的潜意识之中，是不容易被克服的。当你想要做出改变时，你需要培养相互制约的人格特质，接纳沮丧情绪，从而勇于做出改变——当你惯用的处事方式在重要情境中无法很好地起作用时，你会感到沮丧；当你看到自己之前鄙视的事情存在一些优点时，你会做出改变。我们将在第 8 章和第 9 章更深入地讨论这个过程。但现在我们需要考虑的是：什么阻碍了你拥有相互制约的人格特质？

做一个多面手并不容易

身体行动术（该技术能很好地协调人的身体状态）的创始人摩西·费尔登克雷斯在《从动中觉醒》（*Awareness Through Movement*）中指出：“可逆性是自主运动的标志。”不可逆的行为是非自主的，反射性的，且不受意识控制。如果你总是采取某一种特定的行为方式，而从不采取相反的行为方式，那么在有些时候，你会无法阻止自己反射性地做出后悔事或说出后悔话。

请回顾上文的人格特质清单。当你接受相互制约的人格特质，不再受制于“非此即彼”的人格框架时，你具有这份清单中的哪些人格特质？

积极态度和消极态度

要想在情绪上具有灵活性，你需要培养看似反直觉的态度。人生的烦恼在于，不得不与那些总是怨天怨地的人来往。如果你身边有总是持消极态度的同事或家庭成员，他们会对你的精神状态造成消极的影响。当他们批评你的建议，并且看不到你的计划的任何好处时，你会感觉不舒服。如果这个人仔细地考虑了你的建议，评估其优点，然后指出其中的不足之处，那么你可能不会感到如此糟糕。令人恼火的问题是，有着消极态度的人会反射性地、不假思索地做出悲观反应。

你能不能试着让这些人改变他们的消极态度呢？当你试图让他们以更积极的方式看待事物时，他们会拒绝你。如果他们拒绝你，那么你无法单方面让他们改变消极态度。

有什么办法能让他们改变消极态度吗？办法是有的。一旦你认识到问题的根源所在，解决办法就应运而生了。

我组织了一个名为“如何在消极情境中保持积极态度”的工作坊。我打算看一看，在工作坊的参与者心中，积极的人和消极的人之间在情绪和行为上有哪些差异。于是，我把工作坊的参与者分成几个小组，让他们列出自己的看法（见表 3-1）。

表 3-1

积极的人	消极的人	积极的人	消极的人
友好	不满	爱帮助人	爱找借口
兴高采烈、爱笑	愁眉苦脸、沉闷	幽默	牢骚
思维开放	思维封闭	善于倾听	沉默寡言
接纳他人	责备他人	高瞻远瞩	爱挑毛病
乐观	悲观	享受工作	总是抱怨

谁是消极的人

上文关于积极的人和消极的人的区分让我感到很困惑。人们对积极的人和消极的人的描述似乎呈现出一边倒的趋势。让我们花一点时间看一看，你能否发现问题在哪里。请特别注意其中的情绪描述。表 3-1 透露出了一种观点，即积极的人比消极的人更令人称赞。对积极的人的描述多是正面的，常用在自己或我们认同的人身上。对消极的人的描述多是负面的，常用在会激怒我们的那些人身上。

表 3-1 反映了一种现象：大部分积极的人对消极的人感到不满！

情绪障碍

认为积极的思维方式是可取的，而消极的思维方式是不可取的，正是一种孩子式的“好人－坏人”思维（详见第8章）。如果你对积极的人和消极的人的看法与表3-1的描述类似，那么你会想当然地认为自己的看法总是正确的。问题在于，消极地对待消极的人（你不喜欢的人），会让你难以与这类人相处。这是一种情绪上的障碍。

为什么会这样呢？第一，因为感知是相对的，所以你会将消极（不好）的人作为积极（好）的人的参照对象。第二，你会认为，为了使事情得到改善，消极的人应该做出改变，而不是你自己需要改变。第三，你花费了大量的时间和精力，做了很多无效的努力，也没能让消极的人变成你心目中积极的人。

上述说法有助于解释，为什么在大多数家庭和组织中，消极的人拥有最强大的力量。在你的脑海中，你已经形成了某种思维套路，认为除非那个消极的人改变自己，否则情况永远不会得到改善。你已经将自己的命运置于那个消极的人手中，然后责怪他不愿意改变。你将问题归因于他消极的思维方式，然后希望他能放弃自己的力量。

工作坊的参与者常常说：“我之所以来参加你的工作坊，是因为我一直认为自己是一个积极向上的人，但我的伴侣（孩子或同事）是一个总是表现消极的人。”当你听到他这样说时，你很容易预测到他接下来的话（以积极的人自居，数落消极的人，希望消极的人做出改变）。

当一个积极的人出现消极态度时，在这个人的世界中，就会出现一个消极的人，而正是这个消极的人使他的生活变得糟糕起来。这就是自然规律的运作方式。当这个人声称，自己的所作所为都是为了别人好时，他就是在以“好孩子”的身份处理事情。

如果你对积极的人和消极的人的看法与表 3-1 相似，那么这表明你已经形成了一种僵化的思维方式，而这种思维方式会让你情绪失调。你对消极的人所持有的僵化态度使得他们能比你更有力地控制局面。通过消极的表现，他们可以让你感到不安，让你消耗时间和精力去应对他们的消极言行，并让你为自己的努力感到沮丧。

当出现上述状况时，你可以做些什么？第一，你要认识到自己的痛苦、沮丧和失败表明，你并不明白如今正在发生什么事情。第二，你要摒弃受害者（埋怨者）的思维方式：“只有在别人有所转变的情况下，我的生活才能好起来。”第三，你要培养灵活的思维方式，对生活充满好奇，对他人满怀善意，从而使自己成为幸存者。

通常情况下，消极的人会获得一些好处，例如被人关注(尽管是消极关注)、不必隐藏自己的情绪、不必对不良结果负责，以及可以独处等。你可以用不同的方式来应付这些浑身散发负能量、消耗他人精力的人，比如：避开他们；不把注意力放在他们身上；要求他们考虑你的时间和精力；要求他们看到积极的方面；把他们的抱怨极端化，或者只是将他们的抱怨视为一种成人的哭泣，并对此不以为意。在与那些你无法避开的人打交道时，你的策略可以是：让他们说清楚正在寻求什么样的结果；指出在他们眼中你可能会遇到的困难；记录他们的消极预测。这样的话，你可以在他们影响你之前冷静下来，或者探寻他们的消极预测是否真的成了事实。

人们常常认为，具有相互制约的人格特质是件“怪异的事”。思维方式僵化的人无法很好地与性格复杂或“消极”的人打交道，并且常常将这些人视为有缺陷的人。一般而言，女性比男性具有更多相互制约的人格特质，因此女性具有更多的幸存者人格特质。

强化灵活性

以下问题有助于考察并强化你的灵活性。

1. 自相矛盾能让你觉得自在吗?

2. 在成长过程中，你被允许在思想、情感和行动上不一致吗?

3. 你被教导要以单一的方式去行动、感受和思考吗? 如果你的感受方式和思考方式不一致，会发生什么样的事情?

4. 当你认识的某个人以相互矛盾的方式去行动、感受和思考时，你还会保持放松状态吗? 你能忍受他们的这种不一致吗?

5. 根据你对幸存者的了解，你能证明他们身上具有相互制约的人格特质吗?

6. 你能对消极的人持有积极态度吗?

一年夏天，我在健康教育会议上组织了一个名为“心理健康指标”的工作坊。前一年我组织过同样的工作坊，我认出这次工作坊的一些参加者上一次就已经参加过了。我问他们，为什么会再次选择参加我的工作坊。一名二十五六岁的女士说：“去年我在你的工作坊里了解到，我并不是精神分裂症患者。你帮助我认识到，同时具有两种相反的感觉是健康的，我不是生病了。”她停顿了一下，盯着我的眼睛，补充说：“今年我再来参加你的工作坊是想学到更多的东西。”

几个星期之后，我为某职业女性团体做了关于幸存者人格的讲座。讲座之后，该团体的一位成员激动地和我握了握手说：“谢谢！你已经治好了我的心理疾病。”

我们现在来谈一些新的问题：为什么有些行为不可预测的人能够高效地处理问题，而另一些行为不可预测的人却举步维艰？什么东西能给相互矛盾的人带来某种方向感？面临以前从未遇到过的情境时，他们如何知道该做什么和不该做什么？当人们具有相互制约的人格特质，面对多种应对方式的选择时，是什么因素决定了他们做出某种选择？

通过考察那些优秀幸存者的强烈动机，我们可以找到关于这些问题的答案：使事物顺利发展的需求。

第 4 章

协同性

使事物顺利发展的需求

优秀的幸存者是能够很好地解决麻烦的人。他们很灵巧，很有创造力，经常能用简单的方法解决困难的问题。他们希望并且需要使事情顺利发展下去。

好友向我讲述了一个关于日本大型香皂制造企业的经典故事。这家企业收到了一名消费者的投诉，这名消费者买了一盒香皂，打开盒子之后却发现里面是空的。内部调查显示，出于公司设计师无法解释的原因，这种情况就是这样发生了。

在管理层致力于研究长期补救方案的同时，设计师团队被告知，他们要设计一种方案，以防止任何一个空的香皂盒被运送出去。设计师团队迅速研发出了一台昂贵的高科技扫描设备，用于发现空的香皂盒。然而，这一匆忙组装的设备无法正常运转，给生产车间造成了很大的不便。

当设计师团队致力于研究如何使这台扫描设备运转正常时，一名流水线工人自行发明了一种临时的解决方案。他在已装盒封口的香皂传送带附近放了一台电风扇，当香皂盒从旋转的电风扇前经过时，凡是空的盒子都被电风扇吹走了。

使事物顺利发展的需求

优秀的幸存者具有使事物顺利发展的需求。在他们的生活中，对良好协同性的需要是其核心的动机。这种动机有助于解释为什么这些人比他人拥有更强的判断力，能在必要的时候，成功应对未曾遇到过的情况。

这些人对于“事情什么时候能够发展顺利或不顺利”十分了解，并非因为他们能遵循规则或将技巧记下来，而是因为他们对自然法则和原理有内在意识或感觉。他们很好地理解了米哈里·契克森米哈赖在《心流：最优体验心理学》（*Flow: The Psychology of the Optimal Experience*）中所阐述的“心流”概念。当事物发展不顺利时，这些人不但不会抱怨，反而会萌生一种要使事物朝好的方向发展的强烈愿望。

当事物发展顺利时，生活中优秀的幸存者往往会“退居幕后”。虽然他们可能看起来比较懒散，或者对事件不够关注，但事实并非如此。他们的态度通常是这样的：为什么一个人在没必要的情况下还要投入精力？他们不需要炫耀自己的优势，也不需要通过操纵事件的走势来试图证明，自己为成功立下了汗马功劳。当事物发展顺利时，他们明白，影响他人的行为将起到破坏性的作用，而且会将负能量带给他人。对个人利益的干扰会造成人力、时间和资源的浪费，并打扰那些希望事物发展顺利的人。

事实上，这些人可以轻松地处理工作。之所以他们的工作会更容易，是因为他们非常努力地使工作变得简易。有了他们的参与，会议将进行得更为顺畅，人们将更融洽地合作，设备将更高效地运转，工作将进展得更为顺利。

具有协同性的人

文化人类学家鲁思·本尼迪克特开创性地使用“协同性”（synergy）来描述人类活动。她用这个词来解释不同文化群体在生活质量上的差异。本尼迪克特的观点既适用于不同文化，也适用于不同群体。当人们用最小的努力就能让彼此合作，并进行有效率的行动时，其组织就具有高协同性；当人们需要付出大量努力才能完成日常事务时，其组织就具有低协同性。

在低协同性组织中试图完成某项工作，就好像是在所有轮胎气压不足的情况下在高速公路上驾驶重型卡车和拖车。然而，在高协同性组织中工作，就好像驾驶新的跑车沿着高速公路兜风。

高协同性可以解释，为何具有自我指导能力的团队常常能取得丰硕的成果，超出原有的基于个人能力的预期。一组优秀的员工可以将各自的才能结合起来，形成一支优秀的团队。协同性来自团队中不同成员之间的积极互动，从而创造出任何成员都无法独自完成的卓越成果。

低协同性的团队所取得的成果在成效上不如基于个人能力预测的成果。当管理者缺乏基本的职业道德和管理技能，自负或过于专制时，就会产生低协同性的团队。

协同性是个体相互作用的结果。

协同性人格

具有幸存者人格的人也可以被描述为具有协同性人格的人。协同性人格和幸存者人格属于同一种人格类型，不同的说法只是从不同的角度体现人与世界互动的方式。

当事物发展顺利时，具有幸存者人格的人（具有协同性人格的人）能够做到以下几点。

- 可以放手让事情自行发展。
- 比苦苦挣扎的人花费更少的精力。
- 拥有灵活的时间，及时察觉新的发展趋势。
- 留心那些影响事态进展的小事。
- 及时察觉将来可能出现的麻烦，并采取行动进行预防。
- 为未来的事做好准备，当这些事真的发生时能有条不紊地进行处理。
- 更加放松、愉快，并且将工作视为激励性的活动。
- 将高质量的时间和精力用于处理紧急事件，而不扰乱基本事件的进展。
- 即使不会被人发现暗地里搞小动作，做事也会遵守道德原则。

- 怀着对事物发展顺利既期待又迫切的心态对紧急事件和危机做出反应。

对良好协同性的需求是一种自私的需求

具有强烈协同动机的人，会自愿帮助遇到麻烦的人。困境会激发出人们的幸存者人格。当事物发展顺利时，他们可能表现得事不关己；当身边出现麻烦时，他们就会挺身而出，伸出援手或负起责任。

他们之所以这样做，部分原因是当别人感到痛苦时，他们也会感到难过，而当事物发展顺利时，他们会感觉良好。他们在解决麻烦或者减轻他人痛苦的过程中，夹杂着自私的需求。

对良好协同性的需求是一种自私的需求。人的思想、情感和行为越是整合在一起，人就越需要生活在一个轻松运转的世界之中。暴露于不和谐、不稳定、消耗能量、破坏性的状况下，可能会令人非常痛苦。何塞·奥尔特加－加塞特在《大众的反叛》（*The Revolt of the Masses*）中写道：“与通常人们认为的相反，生活中任人差遣的人基本上是卓越的人，而不是普通人。”

对优秀的幸存者来说，对良好协同性的需求是自相矛盾的，因为这要求他们既自私又无私——既致力于让世界善待自己，又尽力让世界善待他人。优秀的幸存者已经解决了亚伯拉罕·马斯洛所说的“自私与无私的二分法问题”，已经达到了自私的利他主义状态。马斯洛指出：

> 不管你称呼他们为高度发展的人、精神健康的人，还是自我实现的人，在他们身上，你都将发现，他们在某些方面格外无私，而在另外一些方面格外自私……
>
> 从这个角度看，高协同性能够超越自私与无私的二分法，将彼此相反的两个对立面融为同一个概念。

换句话说，高协同性的个体是在因自私而无私地做事。为了自己的利益，他们必须采取行动来改善不和谐、消耗精力的状况。使事物向更好方向发展的行为会给他们带来满足感，也可能给他们带来经济利益。精神满足和物质满足并不矛盾。

著名演说家、潜能激励大师安东尼·罗宾说："我完全专注于向听众传递他们真正需要的东西……如果你非常真诚，如果你真的关心别人，如果你能奉献一切，那么你已经成功了。"到 32 岁时，罗宾已经帮助成千上万的人学习如何改善他们的生活，这令他非常满足。他的企业获得了超过 5000 万美元的年收入。他在情感上和经济上都受益匪浅。

低协同性管理者 vs. 高协同性管理者

有些管理者在工作中控制欲强、行为专制；有些管理者成功地运营结构较为扁平的组织机构，员工在其中自主工作。这体现了两种管理风格：低协同性管理、高协同性管理。如果一名管理者独自设定全体目标，使用威胁手段干扰员工的工作方式，实施严格管控，试图解决所有问题，以及企图要求所有员工表现良好，那么这会产生低协同性的后果。如果一名管理者让每个员工都参与目标设定，自主解决问题，并让人们自由地按照他们认为最好的方式完成工作，那么这会产生高协同性的结果。

协同性的不足之处

协同性高就能产生理想的结果吗？并非总是如此。没有一种工作方式是不受任何限制的。我的一个大学同学给我讲了她因为工作效率太高而遇到的问题。她是某州政府机构中的部门管理者。她把自己的员工培养得非常出色，使部门高效运转，以至于一些上级在看到这样一个放松、友好的工作团队时觉得哪里不对劲。他们认为，她的部门做的工作太少了。

我的大学同学将部门工作情况都记录下来，与类似部门相比，她部门中的每名员工都以更高的质量、更少的错误、更快的速度完成了更多的工作。即便如此，她仍然会听到来自上级的抱怨，说她的员工看起来工作不够努力。后来她辞职了，在购物中心里开了一家意大利面馆。这让她获得了更多的乐趣，而她的离开对原有部门是一个巨大的损失。

成为更具协同性的人

如果你希望培养协同性技能，那么你可以参考以下建议。

- 当你陷入新的、不稳定的或困难的情境时，你要问自己：我如何处理才能让事情的结局对每个人来说都不错？
- 你要寻找有助于事物顺利发展的有创意的方式。你可以问问其他人的希望和诉求。最好的方式是让每个人各司其职，无须你的帮助。
- 你要承认，你对事物顺利发展的需求包含一些自私的成分。
- 你不要对任何人说，你所做的一切都是为了他好。
- 你需要确立个人的道德原则，并依此进行伦理实践。
- 你要寻求将困难转化为机会的方式，从而使事情向好的方向转变。
- 你要认识到，当你“没有非常努力”就取得成功，并且结果不错时，这没有任何问题。
- 你要了解“允许事物顺利发展”和“试图促使事物顺利发展”之间的差异。
- 你要问问自己，在你当前的生活环境下，什么利他行为是你能胜任的。

随着经验的积累，你会条件反射般地养成一种习惯，去寻求各种各样的互动方式，从而使事物的发展有个好的结果。当潜在的问题或紧急情况出现时，你会一边吸收信息，一边本能地采取行动应对眼前的挑战。

当你可以通过更少的努力完成更多的工作时，你已经培养起协同性，你的生活可以愉快而顺畅地进行。具有协同性的人考虑的不是时间管理的问题，而是精力管理的问题。你做完了所有重要的事情，也仍然有空闲时间去做你乐于做的事情。

为什么目前还没有比较好的针对幸存者人格（协同性人格）的人格测验？部分原因在于，对具有协同性的人的最佳评估是观察其身边事物的运转情况，而非其固定的内在习惯。

希望并需要让每个人遇到的每件事都能进展顺利，就意味着你必须准确地了解其他人的感受和想法。接下来，我们需要探讨一种独特的人类生存技能——共情能力。

第5章

共情能力

一种生存技能

有人询问历史学家阿诺德·汤因比对年轻一代有哪些建议，他在《在未来中生存》（*Surviving the Future*）中给出了以下回应。

> 最重要的是，你们（年轻一代）要试着保持同情之心和慷慨之心，试着去保持能体察他人心态的能力……即使在你们强烈反对他人观点的时候，也要试着让自己站在他人的角度，看看为什么他人会持有这些观点或做这些你非常不赞同的事情。

共情的发展

共情能力是一个人能够准确理解另一个人如何思考和感受的能力，它是可以习得的。充满好奇心、愿意接收新信息和体验各种情感，使你能够与他人共情。

很重要的一点是，我们要将共情与同情区分开。同情是与别人产生相同的感受。你在朋友遭遇了个人损失时和他们一起哭泣，这就是同情。共情是指理解和明白别人的感受，而不需要自己有相同的感受。

优秀的幸存者能够读懂并理解他人正在经历什么。当你时常问自己以下问题时，你就能做到与别人共情：那个人感觉如何？那个人看到了什么？那个人可以做什么？那个人对我有什么样的感受？这些问题可以开阔你的思路，让你能够了解那个人的需求、恐惧、观点等。

要想理解共情与生存之间的关系，请你看一看一直受到他人统治、威胁或控制的人是怎么做的。例如，在男性主导的社会里，女性几个世纪以来都在努力地生存。因此，女性似乎已经学会了如何更好地了解男性，而男性则没有那么了解女性。在我为企业组织的研讨会上，男总监会问我："我该怎样才能更好地了解女员工？"然而，从未有任何一位女士问过我："我该怎样才能更好地了解男性？"

共情使工作环境更美好

很多管理者没能将共情与同情区分开。由于担心对员工产生同情而可能导致的后果，管理者并不想去了解员工的观点和感受。当实施一个可能不受欢迎或使用不顺手的工作新流程时，管理者可能会处于战略劣势地位。当员工进行反抗，并且不按照新流程办事时，管理者会感到很震惊。如果发生这种情况，那么这说明管理者往往不了解现有流程中的工作内容，也无法从使用该流程的员工那里获得信息。当管理者不去了解那些不按照新流程办事的员工时，他们的领导力就会下降。

此外，对于要以团队为单位来进行有效工作的员工群体，每名团队成员都必须具备与客户、团队其他成员、其他团队共情的能力。

在企业之间关于销售和市场定位的竞争中，了解客户的企业往往具有优势。近年来，市场竞争日趋激烈，销售方不得不以客户想要购买的方式进行出售，而难以让客户以销售方想要出售的方式进行购买。为了企业的生存，销售方希望更多的人成为自己的客户，要想实现这一点，就必须做到与更多的人共情。

考察自己的共情能力

你可以将自己想象成一个与你一起工作或生活的人，试着描述这个人与你一起工作或生活的体验。你可以试着让自己想到的这个人听一听你的描述，问问他你说的是否准确。

个人共情能力

学习别人的思考方式和感受方式能使你从中受益。如果你好好研究一下那些成功人士，那么你会发现：大部分事业发展得很好的人最初都有着强烈的动机，要向那些做得最好的人学习。他们效仿成功的方法，然后将这些方法与自己的经验慢慢融合到一起，并发展出自己的风格。在有活力的家庭中，年幼的孩子常常从兄弟姐妹所犯的错误中吸取教训。

你可以运用个人共情能力，认识和学习他人的不同行为方式，了解自己没经历过或没考虑过的行为后果，从而开阔眼界，培养幸存者人格。如果你发现自己处于某个情境中，此时有人给你讲了一些事情，而这些事情位于你的舒适区以外，那么你要客观专注地倾听他的故事。无论你是否赞同他的行为或反应方式，你都可以从其行为后果中学到东西。此时，你可以问问自己："我会像他那样做吗？我会做哪些不同的事情吗？"

情境性共情能力

一个人的共情能力越高，其个体智商与社会适应能力之间的差距越小。有控制权的人虽然会强加给别人一些规则，但他们自己往往并不严格遵守这些规则。他们已经建立起一些体系来确保自己的安全得到保障。在任何情况下，他们都不觉得有必要与他人共情。在经济低迷的日子里，财产方面的犯罪事件往往会增加。在一个外人很少涉足的、居民觉得很安全的高端郊外社区，发生了 14 起车内财物被盗案件。警方注意到，这里几乎所有的豪华汽车都没有锁好。如果这个社区的居民具有更好的情境性共情能力（特别是在经济不景气的这段日子），那么他们可能会考虑到目前的现实情况，即盗贼可能在任何时间出现在任何地方，并将盗窃目标锁定在他们的贵重物品上。

增强情境性共情能力最好的办法是努力增强对周围世界的认知能力，对看似不合时宜的人和事物倾注最多的注意力。例如，当你在公共场所里，或在上下班途中，请试着不要一直将注意力集中在工作中或书本上（这会让你对周围的一切都浑然不觉）。请尝试让自己既能专注于手头工作或书本，同时又能对周围情况发生的微妙变化（比如，有个说话声音稍大或不守规矩的乘客刚上车）保持警觉。你最好在没有大事发生时就开始留意周围环境，这样才不至于被突然发生的变化打个措手不及。

模式共情能力

共情能力包括个人共情能力、情境性共情能力、模式共情能力等。体现模式共情能力的例子随处可见。例如，在橄榄球比赛中，一流的四分卫能识破对方球员的行动目的，并能预测到他们接下来会具体做什么。要想获得这种清晰的、瞬间实现的预判能力，除了长时间的比赛训练，他还需要知己知彼，充分了解比赛战况，考虑当前的比赛计划。

一名成功的管弦乐队指挥必须能够在数十种乐器演奏中找到某个节奏有点慢、力度不够或有些走调的乐手，并把那个人带回到正确的步调上，与整个乐队保持一致。

受欢迎的剧作家也是如此，对于每种角色性格之间的差异以及演员如何在各种场景下诠释角色，他们能够展现出惊人的理解力和感知力。

成功的人具备模式共情的能力——对因果关系的实际理解能力，以及对各类关系的认识能力。他们能够感知模式是否和谐，并且觉察到导致不和谐的因素。通过识别、分析周围事物的发展模式，并发现其中每个元素的作用，他们能够预测获取最好结果的行为方式。

模式共情能力是指对动态关系的复杂本质的领悟能力。具有幸存者人格的人能够较好地认识并理解动态关系的复杂本质，因此他们具有良好的模式共情能力。优秀的运动员、音乐家、作家、喜剧演员、治疗师、演说家、教师、团队负责人、销售人员等都知道自己该做什么，以及应该什么时候这样做。

要想培养模式共情能力，你需要尝试以不同方式与周围事物的发展模式进行互动。你可以先从非常熟悉的事物开始，尝试一种新的行为方式，同时要留意对应的行为后果。你可以每次只改变一点点。可能的话，你可以将每一个新的想法尝试很多次。你可以从简单的事情开始，例如：走与以往不同的路线回家；收听之前未曾听过的电台；尝试一种全新的锻炼方式；以新的方式回应同事；改变日常习惯等。你不仅会对因果关系有所了解，还可能多样化地处理当前的问题。通过尝试改变日常行为和生活环境，你就能了解到：怎样做可能有助于你处理好将来的极端事件，怎样做可能对你没有任何帮助。你不必事事改变。尝试改变的目的在于，你要学会认识到，面对任何情况都有多种可能的反应，不同的反应可以带来不同的结果。

发现早期线索

具有模式共情能力的人更容易成为幸存者，因为他们可以通过最少的线索发现某个模式，并认清其中隐藏的内容。我有一个朋友名叫诺曼·洛克，他拥有一家钱币收藏公司，由于他的社会适应能力很强，多年来他的事业非常出色。之所以他能在这个充满骗局的行业中生存下来，部分是因为他具有一种天赋，能很快看出哪些人是诚实的，哪些人打算用伪装出的自信欺骗他。他通过以下三点来发现骗子，破除骗局。

- **保持判断力。**骗子经常会有意无意地透露出自己的想法，因为他们很轻视自己的行骗对象。如果你忽视了骗子的这个特征，那么你很容易上当受骗。
- **分辨迷惑行为。**骗子试图用许多无关的信息、复杂的流程和模糊的术语来把他们的行骗对象搞糊涂。大部分人都希望自己看起来很聪明，而不会承认他们并不理解对方说的东西。骗子通过迷惑行为来隐藏真实意图。

- **拒绝被迫交易。**骗子在提问题时会使用某些技巧，从而让你做出许多肯定的回答，然后他们会试图在你考虑清楚之前催促你赶快同意该项交易。

早期线索能帮助你了解事物发展的最终走向。然而，臆想的恐惧会妨碍你寻找线索。生活经验能够帮助你区分臆想和真实，培养你对细节的敏锐眼光，使你成为一名称职的专业人士。然而，与其他幸存者人格一样，共情也可能具有不足之处。

共情的不足之处

真正行动起来与施暴丈夫离婚的女性往往需要很多的情感支持，因为她们知道，离婚之后她们及其丈夫都会极度痛苦。当管理者出于经济问题而遣散员工或关闭工厂时，员工和富有同理心的管理者都会经历很大的情绪波动。

一种能与共情效果相互制约的人格特质是坚韧。另外，敏感性既会让具有幸存者人格的人营造一种氛围，让事物在其中顺利发展，又容易让他们因别人的悲伤而深受困扰。

考察自己的共情能力

请回想生活中某段结局糟糕的经历，比如失业、失恋，或者一次失败的商业交易。在坏事未发生之前，很可能已经有某种迹象表明结局不会太好，而你选择视而不见。你不愿相信这些预示着最终可能会有坏结果的征兆。你可以从经验中学习（见第 2 章），以便决定下一次你要怎样做。

危险情境下的共情

真正的幸存者能够快速认清形势，了解潜在的模式，并在任何情况下都有信心处理好各种情况。乔·迪贝罗的故事清楚地向我们展示了这一点。

迪贝罗大步走向办公室，他还要在办公室里快节奏地工作很长时间。午餐比他原本计划的时间要长，而他还有很多重要的工作要做。迪贝罗经过大楼入口时，头脑中想的满是楼上等着他处理的工作。他回忆道："当时我正走在大厅中央，大厅里站着几个人，我并没有注意到，其中有一个看起来很疲倦的枪手手里端着一架 AK-47 自动步枪，枪口指向天花板。"在同一时刻，他看到几个女人僵在那里"就像刚被汽车前灯照到时的鹿一样"。

虽然枪手喝令迪贝罗停下来，但迪贝罗并没有减慢步伐。

“我看到那个枪手被困在大厅里了。他不想待在那里。”枪手目光游离，四处张望。迪贝罗朝枪手喊道：“我可没时间待在这儿。”于是，他继续大步向前走。

虽然枪手几次试图开枪警告，但他的子弹卡住了。当他从腰上摘下手枪向空中开了几枪，企图警告迪贝罗站住时，迪贝罗恰好走到一个角落里，摆脱了危险。

迪贝罗说：“我在东海岸长大。在城市里，获得个人空间的唯一方法就是不要去理会你面前疯狂的事物。我决定不把他当回事儿。如果我不往前走，我就会受制于他，所以我继续前进。”

几个小时之后枪手才向警察投降，在投降之前他已经开枪打伤了两个人。迪贝罗愚蠢吗？蛮干吗？不是。他反应迅速、善解人意、准确无误地看透了枪手，也坚信自己的判断，这让他既控制了局面，又摆脱了危险。有些人可能会说，他是自私的，只顾自己保命。然而事实上，面对这场意外，他知道自己没有办法帮助别人，所以他选择救自己。

共情以及使事物顺利发展的需求，使一个人能够自发地有效处理问题，而结果常常是惊人的。关键在于你要认识到，微妙的情感元素可以提供看似不理智却有实际价值的内在指导。直觉、创造力和想象力能增强你的共情能力，促进你的生存发展，让你获得天赐良机。

第 6 章

幸存者的优势

直觉、创造力、想象力

某连锁影院的副总裁给我讲述了他在公司旗下新开业影院的经理家做客时发生的事情。这位经理二十五六岁，已婚，有两个孩子，是一位富有魅力的、健谈的人。

在做客的过程中，副总裁想："这个家伙正在糊弄我！"虽然当时他并未表现不悦，但到了第二天，他让财务主管好好查了查那家影院的财务记录，看看有没有贪污的迹象。"果然，"他说，"我们找到了证据。那个经理常常从零食的收益中捞钱。"

人的意识就好像冰山的顶端，漂浮在更广阔的潜意识之上。更多地动用自己的潜意识资源（比如直觉、创造力、想象力等）的人，比那些总是试图表现出逻辑性和理性的人更有优势。

作为生存技能的直觉

全球直觉网络（Global Intuition Network）的创始人、心理学家韦斯顿·艾戈说，能管理好自己直觉的人"在危机环境或快速变化的情境下能应对自如”。他在《商业视野》(*Business Horizons*) 上的《高级管理者如何利用自己的直觉来做出重大决策》(“How Top Executives Use Their Intuition to Make Important Decisions”) 一文中指出：“在运用直觉来做决策的能力方面，不同组织中的高级管理者存在很大差异。”罗伊·罗文在《直觉管理者》(*The Intuitive Manager*) 一书中，将“直觉”描述为“没有经过理性思考而获得的知识”。有些人能够具有无法解释的直觉，其他人则通过练习来培养直觉能力。不管是哪一种情况，直觉都是一个人通过潜意识来接收信息的某种能力。

揭秘直觉

在你的大脑中，潜意识的信息要远远多于意识捕获到的信息。你是否知道，神经系统的主要功能之一是防止我们意识到所有抵达感受器的刺激？在你意识到某个刺激之前，刺激必须达到一定的强度。请注意，在下面的描述中你将会看到，在刺激物的强度积累得足够高，达到你能感知的那个临界点（心理学家口中的“阈限”）之前，你根本意识不到这种刺激。

对阈限工作机制的研究表明，人们拥有阈下知觉，当刺激强度恰好低于阈限时，身体便能察觉到这种刺激，并做出反应（见图 6-1）。这就好像测谎时使用的那些仪器，即使在人没有意识到的时候，人的身体已经察觉到这种刺激了。事实上，每个人都在生理上具有阈下知觉。

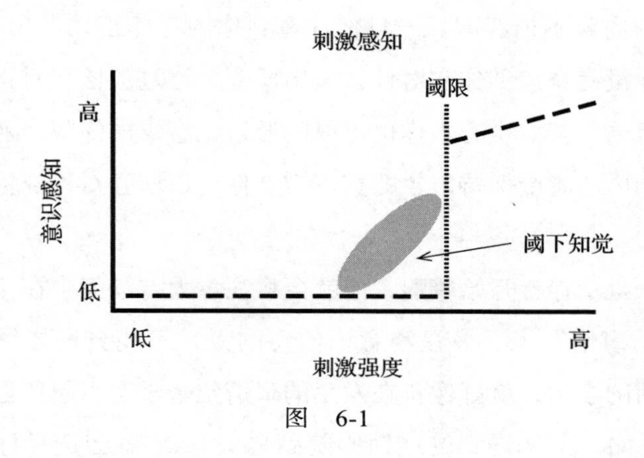

图　6-1

在潜意识研究中有一个著名的测验：在电影的放映过程中，爆米花广告以转瞬即逝的速度闪过电影屏幕，之后研究者测验观众的反应。对一些敏感程度高的人来说，他们的阈限要低于能让普通人产生意识的阈限。他们能察觉到爆米花广告，并去影院投诉，要求退款。当研究者以更快的速度闪放这些广告，从而使敏感程度最高的人也无法察觉影片中的广告时，这刺激人们在潜意识的驱使下购买爆米花。不过，爆米花销量的小幅增长无法抵销设备的成本支出。

研究表明，人们的阈下知觉水平是不同的。此外，一个人的敏感程度是可以变化的，这取决于他的警觉程度和身体状况。有些人的生存能力比其他人强，部分原因是他们具有敏锐的觉察力。

通过练习，任何人都可以提高自己获取潜意识信息的能力。例如，在有人和你说话时，他的语调和肢体语言可能与他所说的内容不相匹配。一旦你注意到你的身体正在做出反应，即使你没有意识到你在对什么做出反应，通过放松和对正在发生的事情保持好奇心，你也可以降低自己意识的阈限。通过对微妙的内心感受保持敏锐的觉察力，你可以增强对外部世界的感知力。

一旦幸存者开始警醒，他就会将注意力持续集中在“正在发生的事情”上。关注潜意识信息的人，可能会选择继续进行之前的事情，就好像正在发生的事情丝毫没有引起自己的怀疑（比如，上文提到的连锁影院副总裁），或者会选择停下来询问正在发生的事情。在任何情况下，优秀的幸存者都会对实际正在发生的事情保持警觉和好奇心。

监测你的生理反应

当你参加会议，或是与不太熟悉的人讨论重要事情时，请时不时地留意你的身体。绷紧的腹部、急促的呼吸、在桌子下面握紧的拳头、抖动的脚或某种轻微的躁动感，可能正是表明事情不太对劲的信号。任何事物都可能促使你的身体释放这些信号，例如某个人的语调、沉默的氛围、被迫发出的笑声、一个人的快速一瞥、不合时宜的东西。

让你的身体保护你

许多幸存者说，他们采取了某种行为，事后并不知道自己为什么会那样做。一名护理专业的学生给我讲了下面她的故事。

有一年春天，我坐在第六大道南向的公共车站里，等待下午3:40的公交车。通常我坐这趟公交车上山去学校。当时，我坐在公交车站的长椅上。经过几天寒冷潮湿的阴雨天气，此时外面阳光明媚，让人感觉很舒服。

直到现在，我仍然不知道自己当时为什么那样做——我离开了长椅，走到了商店外墙边的摊位旁。我不想待在阴凉处，我想沐浴在阳光下，就好像有什么东西拉着我待在那里似的。这种感觉很奇怪。

几秒钟后，一个年轻男人开着一辆改装车呼啸而来，并急速地往山上开去。当他行驶到拐角处时，车子失控，并侧翻过来滑向街道。汽车在路边反弹，砸在了我刚才坐过的长椅上。我简直不敢相信！我仍然不知道当时自己为什么离开长椅，走到了其他地方。

这个故事说的是超能力吗？恐怕不是。在某种意识水平上，这名学生曾观察到，在那个角落附近往山上开的车总是不容易转弯。因为她仅仅在车撞过来前的几秒钟走开了，所以很可能是她在放松的状态下，潜意识地感知到几个街区之外汽车超速行驶的声音。

具有幸存者人格的人会根据直觉采取行动，哪怕这些行动看似并没有意义。当没有明确的合乎逻辑的解决方案时，具有幸存者人格的人可以仅凭感觉行事。他们凭借直觉对人和情境做出反应。他们出于实际原因而不外露自己的感受，这与“用理性思考压制直觉印象”不同。

跟随内心的指导

有些人由于格外相信潜意识的引导而生存了下来。温斯顿·丘吉尔在年轻的时候曾是一名战地记者。他在南非报道第二次布尔战争时，曾经被俘并被送往比勒陀利亚的监狱。一天晚上，他设法从监狱逃走了。然而，虽然已经逃了出去，他面对的问题却远未结束。当时他独自走进夜幕，考虑自己的处境：离安全的地方还有 300 英里[⊖]，他不会说当地的语言（南非荷兰语、祖鲁语），城镇和乡村都有大量士兵巡逻，道路守卫森严，火车也被仔细搜查。他心想：“我该怎么获得食物，或者怎么才能知道该往哪个方向走呢？”

丘吉尔设法登上了一列运载空煤袋的火车，这列火车大部分时间在夜间行驶。天亮之前，他跳下火车躲了起来。他说，在那一天，“我长时间恳切地祈祷，希望获得帮助和指引”。他徒步走过崎岖不平的乡道，穿过灌木丛、泥塘、沼泽和溪

⊖ 1 英里 = 1609.344 米。

流。他饥寒交迫、疲惫不堪，几乎失去了希望。当他看到远远的地方有一缕亮光时，便拼尽全力向亮光跑去。然而，当他逐渐逼近时，他又犹豫了。

“突然间，没有丝毫理由，”他说，“没有经过任何逻辑思考，我所有的疑虑都消失了。我很清楚，我会到亮光那里去。在过去的几年里，有时候，我会拿起笔，在无意识的情况下写出字。同样，当时的我无意识地朝亮光处奔去。”

丘吉尔向远处的火堆走过去，那里是一个煤矿，周围建有一些房屋。他听说，有一些英国人住在这里的乡下，以保持煤矿的运转。难道那里就是英国人的煤矿吗？

丘吉尔走近一栋两层楼的石头房子，敲了敲门。来开门的是个英国人。丘吉尔表明了自己的身份，讲了自己越狱的经历。那个人说：“感谢上帝，你来的是我们这里！这是方圆 20 英里以内唯一不会把你交出去的地方。这里都是英国人，我们看看能怎么帮你。”

他们让丘吉尔在矿井底部的房间藏了好几天，并为他安排了逃跑路线。最终，丘吉尔成功逃离。

具有幸存者人格的人会跟随自己的预感做事，在一定程度上凭借直觉生活。户外运动专家罗伯特·高德福瑞在《拓展训练：可能性的学校》（*Outward Bound: Schools of the Possible*）中对拓展教练的特点做了如下描述。

优秀的拓展教练具有一种能力：他们非常忠实于自己的直

觉反应，并以这些直觉为基础做事。在拓展训练过程中，当参与者的身心状况都处于危险之中时，教练凭借直觉坚定地应对突发状况。

高德福瑞说，他看到一位教练是这样处理挑战性任务的。

她没有在头脑中回顾指导手册上是怎么写的，没有翻阅规则、条例和指南，没有去问别人在这种情况下是怎么做的。她先让自己镇定下来。她的目光只是稍有涣散，并未神志不清。她正在审视内心，有意将不重要的刺激和分散注意力的刺激屏蔽在外……很明显，她的注意力暂时指向了内心世界，正在审视自己对正在发生的事情的内部反应。

培养直觉

人们要在实践中把直觉培养为一种可靠的技能。

第一，培养直觉开始于你决定进一步接受潜意识的、非理性的信息，哪怕这些信息与看似合乎逻辑的信息相冲突。

第二，提前制订计划。当你处于某种混乱状态，或者不得不在还没有获得所有事实的情况下做决定时，你要将意识从外部行动中分离出来。放松下来，停止内心的对话，审视自身，并思考：我有什么感受？我要怎么反应？发生了什么事情？我最好采取什么样的行动？

第三，将记录留存下来。无论你是否根据自己的印象采取行动，你可以将自己从潜意识中得到的想法或感受写下来，事后检查自己的感觉有多准确。当你偏离目标或行为不恰当时，不要批评自己。评判性的思想会抑制你的直觉。

按照直觉行动

有些人会对潜意识进行梳理，以此为自己的生存提供指导。哈罗德·谢尔曼著有《如何使超感官知觉为你服务》(*How to Make ESP Work for You*）等书。谢尔曼说，经历过纽约交通的几次意外之后，他决定让思想来引导自己前行。谢尔曼把自己置于放松的冥想状态，并告诉自己的潜意识："如果我要面对一场意外，就会立即本能地做正确的事来保护我自己。"

几个月后，谢尔曼坐在一辆正在行驶的出租车里。他说，当时他有强烈的预感，要立即拐到道路的另一侧。"我还没有来得及说出口，出租车司机就迎着眼前的汽车灯光，飞速横穿第五大道！在那一刻，我看到我们马上就要被一辆旧卡车撞上了，而那辆卡车里装满了铅管。"

"当时我的第一反应，"谢尔曼说，"就是抓住悬在车门旁边的带子，好让自己在撞击即将到来的时刻稳住身体。然而，当我抓住带子时，一个内心的声音命令我'放开那条带子'。从那一刻开始，我内心的某种东西控制了我的行动，它让我用双臂抱住脸部和头部，屈起膝盖来保护我的身体。"

卡车带着巨大的冲击力从侧面撞上了出租车，把出租车撞得飞了起来，在空中翻转了两圈后，出租车底朝天地落在了地面上。谢尔曼说，当他从出租车里被抬出来时，出租车都已经被撞得面目全非了，目击者惊讶地发现，里面居然还能有幸存者。后来，在接受保险理赔员的询问时，谢尔曼得知他本能地做出了正确的事情。理赔员解释说，大多数乘客都在事故中抓住了带子，这使得他们的身体很僵硬，结果就会造成骨折、头部损伤和内伤。

很多这样的例子都清楚地表明，直觉并不是一种随机的、神秘的人类体验，而是一种有用的能力，可以像其他能力一样得到培养和发展。

著名演员卡洛尔·伯纳特之所以在1994年洛杉矶大地震中没有受伤，是因为她相信了自己的直觉。她在CNBC电视台接受查尔斯·格罗丁的采访时，讲到自己在地震当天因为内心不安而在凌晨3点左右醒了过来。“我走下床，”她说，“在房子里绕圈走着。我能感觉到有什么事情就要发生了。我怀疑会是一场地震。我总是能判断出什么时候会有大事发生。”

伯纳特回到了床上，她没有像平时一样躺在靠近床头柜、灯、电话和电视遥控器的那一侧，而是躺在了床的另一侧。她说：“我躺下后，感觉要地震了。我想是不是应该起来，躲在门框下，最后决定还是不那样做了。”

周围环境变得很安静。伯纳特说，她的周围一片寂静。她把被子往上拉了拉，头埋在枕头下面。30秒之后，地震发生了。“我的房子和床剧烈地震动，”她说，“我觉得有什么东西从我的头上飞了过去，然后撞到了床上。当地震停止后，我从枕头下面偷偷看向四周。卧室里的家具凌乱地倒在地上。”伯纳特在讲述这段经历的时候眼睛睁大了：“我看向床的另一侧。地震把我的电视从电视柜里甩了出来，掉在了床上我通常睡觉的那一侧。”

梦代表什么

通过做梦，我们可以最直接地进入自己的潜意识。当我们入睡时，理性的逻辑思维会放缓。我们的大脑会休息一会儿，做大脑自己想做的事情，而不是我们想做的事情。研究表明，每个正常人都能做梦，做梦对于保持人格的完整性至关重要。

我们的梦包含了与我们的生活、身体以及周围世界正在发生的事情有关的信息。然而，梦的语言需要时间来学习和理解。对于愿意接受潜意识信息的人来说，他们对梦的意义感到好奇，觉得梦可能会具有特别的意义。

有些梦不需要人们付出特别的努力来理解，而有些梦则不然。吉莉安·荷洛薇在《梦境地图：指引你进入潜意识的国度》（*Dreaming Insights: A 5-Step Plan for Discovering the Meaning in Your Dream*）中指出，要想学习发现梦的意义，你先要努力回忆起梦的内容，并将之记录下来。你要养成习惯，在醒来后的第一时间问自己昨晚做了什么梦，然后看看你能回忆起什么。荷洛薇说："你可以用一个关键词或短语来涵盖梦的内容。这有助于你在以后做记录时能更好地回忆梦境。"

要想分析梦的意义，请尽快把梦的内容记录下来。然后，你可以问一问自己："这个梦是什么意思？"要想弄清楚看似混乱的梦境含义，你需要问一问自己："这个梦有什么意义？我在梦中的感受是什么？这种感受与我在生活中经历过的某个情况有相似之处吗？"当你练习回忆、记录和分析你的梦时，你的直觉能力得以提高，从而你能高效地捕捉到创造性的解决办法。在直觉的指引下，创造性的解决办法"浮游"在你的脑海中，就好像鱼儿游在水里一样。

作为生存技能的创造力

培养直觉在于倾听你的潜意识。获得创造力在于训练你的潜意识，使它为你带来解决办法或思路。心理学家认为，创造力使人产生有效且不寻常的想法或行动。

在面临困难或危险的情况下，能让人生存下来的办法和行动通常要具有创造性。阿尔索·汉布尔顿中校的故事就是一个完美的例证。1972 年，汉布尔顿驾驶的飞机被越南军方击落。他本人在袭击中受伤，跳伞空降到越南控制的地区。虽然他能与己方的飞行员进行无线电联系，但直升机无法进入该地区营救他。由于缺乏食物和水，七天之后，汉布尔顿变得非常虚弱。

航拍照片显示，汉布尔顿可以沿着一条狭窄且地形复杂的路线逃脱，但由于越南军方正在监听汉布尔顿与美军飞行员之间的无线电通话，飞行员无法告诉他该从哪条路走。

在指挥总部里，美军集思广益，想找到办法让汉布尔顿逃到安全地带，最后他们想出了一个富有创意的方案。汉布尔顿是一名专业的飞行员，也是空军中优秀的高尔夫球手。他知道高尔夫球场上所有球洞的确切距离和罗经方位。

在第九天晚上，汉布尔顿听到上空的美军飞行员告诉他，准备“干脆利落地打向18号洞”。参照美国图森国家高尔夫球场的球洞位置，汉布尔顿看着自己手中的地图，明白美军飞行员是想让他朝东南方向走430码[一]。

汉布尔顿成功抵达废弃村庄附近的一丛灌木旁。美军飞行员向他表示了祝贺，并告诉他，下一步是戴维斯·蒙山空军基地的5号洞，意思是希望他向东走100码。后来，他接到的指令是移向肖空军基地的5号洞……

这个高明的、富有创造力的方案帮助汉布尔顿从极度危险的地区逃了出来。他度过了四个非常艰难的夜晚，最终抵达了一个会合点，在那里他见到了两名巡逻兵，两人带他去搭乘救援直升机离开。

在商界，人们几乎每天都可以看到使用创造力的方法来处

㊀ 1码 = 0.9144米。

理危机的情况。例如，一家大型电子公司的专业人员汤姆提到，有一年，他的公司收入严重亏损，结果公司决定裁员 20%，其中也包括他。

大多数老员工都很愤怒。离职补偿金和再就业辅导没能阻止员工士气低落。然而，从大局来看，汤姆认识到，自己拥有的专业技能对于生产一种重要的新产品是至关重要的。因此，当他听说公司会雇用一些顾问从事核心工作时，他向人力资源部门申请内部转岗当顾问。最终，他成功从全职员工转为兼职顾问！

讽刺的是，一年之后，该公司决定雇用汤姆为全职员工，而不再向他支付顾问费用，因为这样做可以更省钱。

当你想要找到解决问题的好办法，勇于打破旧有观念和界限，坚持独立思考时，你才可能为解决问题找到行之有效的办法。创造力让你的潜意识为解决眼前的挑战提出不同寻常的可行方案。

创造力测验

当你能够看到事物之间不同寻常的联系，找到事物之间不同寻常的结合方式，以及在事物之间建立远距离联想时，你的创造力得以增强。在《远距离联想测验使用手册：大学生与成人量表 1 和量表 2》（*Examiner's Manual, Remote Associates Test: College and Adult Forms 1 and 2*）中，心理学家萨诺夫・梅德尼克列出了自己研发的创造力测验，以下是对该测验的模式化举例。

1. 请列出与“凳子、粉末、球体”这三个词都有联系的一个字。

答案是“足”(足凳、爽足粉、足球)。

2. 请为以下每一组中的三个词找到一个与它们都有联系的字：

（1）蓝色、蛋糕、小屋；

（2）制成、袖口、剩下；

（3）动作、袋子、下面；

（4）木头、液体、运气；

（5）钥匙、墙壁、珍贵。

心理学家的研究表明，富有创造力的人以感性的或观察性的方式来看待这个世界。相反，缺乏创造力的人则以评判性的或教条式的方式来看待这个世界。

爱观察、感性的人以静默的心态体验世界。他们是思想开放的人，乐于吸纳关于事物如何发展的信息。当他们遇到某个问题并需要解决方案时，就可以从相关领域的信息中寻求解决问题的办法。

某些话能够体现出说话者的评判性作风，比如“不要瞎指挥，我已经想好怎么办了”。具有这种作风的人会情绪化地做出反应，并迅速对他人和不同情况做出评判。匆忙的评判会使人将自己的思想封闭起来，盲目相信自己的判断，隔绝相反的论调。心理学家将这种心理反应描述为“过早的感知闭合”。这是一种与创造力不相容的思维方式。如果事实、细节和信息从未在第一时间被吸收，你就无法具有创造力。

加速创新过程

头脑风暴能够加速创新过程。头脑风暴法[1]的创始人亚历克斯·奥斯本在《你的创新能力》（*Your Creative Power*）中强调，在观点收集阶段，必须暂时停止对观点的批判性评估。评判性思维会让你难以表达出令人愉快的新观点，甚至无法想到新观点。当团队面临选择某个特定问题，或应对某些不寻常的挑战时，各成员可以遵循以下原则来进行头脑风暴。

- 远离其他干扰，花时间制作一份写有狂野、有趣、怪异、疯狂、未经深思熟虑的想法的清单。充满欢笑的、令人兴奋的想法能很好地表明一切进展顺利。
- 在观点收集阶段，不应该直接否决这些想法。
- 避免在同一天对这些想法进行评估，这可能会妨碍你在当天晚上和第二天早上产生更多想法。
- 通过批判性推理选择两三个优质想法进行细节评估。

[1] 想要更深入地了解亚历克斯·奥斯本的头脑风暴法，可以参见 www.CreativeEducationFoundation.org。

对头脑风暴过程的研究表明，当个体不受约束地将狂野、反常或看似荒谬的意见表达出来之后，往往能产生富有洞见的想法。如果你仅仅以合乎逻辑的、直线式的方式来思考，那么你无法提出非常精彩的想法。

作为生存技能的想象力

1937 年，霍华德·斯蒂芬森写了《他们售出了自己》(*They Sold Themselves*) 一书，内容关于在 20 世纪 30 年代毁灭性的经济大萧条期间成功找到工作的人（幸存者)。斯蒂芬森说，那些幸存者不仅拥有勇气和智慧，还“富有想象力”。

大部分幸存者的想象力都得到了充分发展。当我对那些认为自己是幸存者的人展开调查时，我问他们：“你认为自己有活跃的想象力吗？”他们总是回答：“是的。”我摘选了他们说的一些话放在这里。

“令人难以置信的是，我一直以来都在做白日梦，我这样做是为了不受干扰和限制。我甚至在还是一个小孩的时候就能从有意识的思考中挣脱出来。”

“‘活跃’这个词本身就很保守。”

“是的，我是一个梦想家，我喜欢在大脑中安排和设定工作，并且让大脑一直处于活跃状态。”

“我的大脑在有些日子里非常活跃。”

想象力支撑起意识与潜意识之间的桥梁，它具有多个维度的含义。它可能是一个你能获得乐趣的幻想之地，也可能是一场被动的白日梦，还可能是一种积极而有目的的心理活动，通过这种心理活动，你可以进行头脑风暴或自我对答。

活跃的想象力

想象力常常能在使事物发展顺利方面发挥作用。想象力让你有意识地在头脑中保持某个形象，不断重复它，并促使你想象到的东西变成现实。所有相信祈祷或积极思考的力量的人都强调发挥想象力的作用。埃米尔·库埃说："每一天，我都在以各种方式变得更好。"他认为，这符合"必要的想象力教育"。

一位牧师这样对我说："我希望，你能明白，一直担心某件事情可能发生，与祈祷它会发生是一样的。"

你的想象力和期望既能对你产生正向作用，也能对你产生反向作用。有些人如此担心可怕的事情会真的发生，以至于变得偏执。

神秘的因素：共时性

生活中优秀的幸存者承认，有意义的巧合是这个世界运转的一种方式。他们并不会因为无法解释某些事情是如何发生的，而认为这些相关事件只是无意义的巧合。卡尔·荣格用共时性（synchronicity）表示某些有意义的相关事件（“有意义的巧合”）背后的非因果关系。

根据我的经验，我同意荣格的说法。例如，当我写作这本书的初稿时，我目睹了圣海伦火山爆发前后的景象。在那时，我还没有开始进行人类本性和大自然的研究。差不多两年之后，我对长时间坐在图书馆工作已经有些厌倦。我想要了解自然灾害中人类行为的研究现状。然而，我不想自己去图书馆里一篇篇地搜集整理各种文献。我想着如何能得到已整理好的相关文献。

两天之后，我接到了一个名叫克里斯・格伦的男人打来的电话。他说：“我从你的朋友那里知道了你。我刚刚取得心理学博士学位，而且搬到了波特兰。我想向你请教这里执业的事宜。”

克里斯告诉我，他最近发表了一篇专业学术文章。我问他那篇文章的内容。他回答道：“那篇文章旨在梳理和分析自然灾害中人类行为的研究现状。”

当你将直觉、创造力、想象力和共时性综合在一起时，你可以在任何一个具有挑战性或危险的新情境中占有优势。令人欣慰的是，你的潜意识可以提醒你注意危险，为你提供有用的信息，或帮助你想到有创造性的解决方案。不要任意批判和驳斥自己的想法，这样你才能体验微妙的感受，带来“有意义的巧合”。

相互矛盾的本性可以让几乎任何思想、感觉或行动为你所用，并让你具有无与伦比的适应能力。游戏心态和自信心可以引起适当的冒险、尝试、快速学习和即时纠错。共情能力有助于你理解别人的想法和感受。你要确立一个目标，即找到一种方式使事情对所有人来说都进展顺利。实现这个目标的坚定决心可以促使你善用上述能力。

一旦你意识到并增强了上述能力，你就会开始留意到“将不幸转化为幸运”的新方法，并培养自己获得天赐良机的才能。

第 7 章

创造天赐良机

将不幸转化为幸运

英国作家霍勒斯·沃波尔认为，当一个人具有“将可能成为灾难的事物转化为好运”的能力时，他便拥有了“机缘”(serendipity)。他对“机缘”的看法源于他童年记忆中国王与三位王子的故事。

故事讲的是三位王子被父亲吉阿弗国王流放。虽然每位王子都接受过良好的教育，但他们的父亲知道，三位王子需要去体验真实的生活。国王找了个借口对王子们大发雷霆，把他们赶了出去。他们没有仆人，没有马，没有珠宝，没有钱。在三位王子各自的冒险过程中，他们运用自己的观察能力和推理能力，使逆境转化为顺境。最终，每位王子都建立了自己的王国，并与父亲和好了。

机缘不是指好运气，也不同于巧合。沃波尔认为，必须具备三个条件才能得到天赐良机：①必须发生意外事件；②个体运用了自己良好的判断力或智慧；③出现有益的结果。沃波尔童年记忆中的这个故事是一个波斯故事，其意大利文版被翻译为德文版，而德文版又被翻译为英文版。因此，上述故事并没有准确地反映原意。当然，这是一个机缘性的失真，而沃波尔恰好借此描述自己对“机缘”的看法。

我已经了解到，最能表明某个人拥有幸存者人格的迹象是，当他们谈论自己最糟糕的经历时，会在最后补充说：“这是我遇到过的最好的事情。”

你永远不会知道

试想，你在美丽的森林中，租了一个原生态的小木屋，在那里度蜜月，你感到很愉快。然而，黎明时分，一只啄木鸟开始在屋顶上大力地敲击，“笃笃笃”的声响很大，让你无法安睡。第二天黎明，同样的事情又发生了，第三天黎明依旧如此，之后一直这样继续下去。你会怎么做呢？

很多人建议把鸟打死，也有人会说：“不用管它！享受你的蜜月吧！”

这类啄木鸟事件就发生在华特·兰兹和妻子格蕾西度蜜月期间。他们是一对快乐有趣的夫妻。当他们度完蜜月回家后，受到这一事件的启发，创造出了卡通角色“啄木鸟伍迪”。华特负责绘画，格蕾西负责配音。当他们在结婚 50 周年纪念日做客 NBC 的《今日秀》（*Today Show*）时，格蕾西说：“那是我们遇到过的最好的事情。”

许多有价值的科学发现都是通过机缘巧合实现的。威廉·伦琴注意到，穿过物体的辐射会在未曝光的摄影底片上留下影像。这使他发现了 X 射线。亚历山大·弗莱明之所以能发现青霉素，是因为他注意到实验室培养皿中的一些细菌被一种真菌杀死了。人们甚至在偶然中做出了巧克力饼干。

天赐良机不是随机事件

当遭遇不幸时，生活中优秀的幸存者不仅能应对得很好，而且往往会将潜在的灾难变成幸运的机遇。他们是如何做到这一点的其实并不神秘，他们遵循了一系列你也可以遵循的原则。

- 相信你的直觉。
- 迅速了解并适应新的现实情况。
- 用提问来回应坏消息。
- 找到你当前处境的益处。
- 做到与各方共情。
- 保持自信，坚韧不拔。
- 使事情对所有人来说都进展顺利。
- 探索如何才能将不幸转化为幸运。

在你的过去中寻找天赐良机

当你想到生活中的糟糕经历时，你会看到它的价值吗？你是否觉得自己能以某种方式从发生过的事情中得到好处？你能找到上天赐予你的机遇吗？当你告诉别人你最坎坷的经历时，你会提到这段经历为什么对你有好处吗？

如果你对上述问题都做出了否定回答，那么请你花一些时间仔细想想过去的困境和痛苦的经历。你是否曾经因为并非自己的过错而失去工作？你是否曾经不得不与一个非常消极的人一起生活或工作？你是否曾经不得不去对付愤怒的人？你是否曾经被迫应对令人痛苦的、破坏性的变故？

你可以通过以下问题来回溯你的痛苦经历，从中发现益处。

- 我学到了什么有用的东西？
- 我获得了什么新的力量？我更加自信了吗？我变得更能理解别人了吗？
- 我为什么要对这种经历心怀感激？这对我有什么好处？

此外，通过向幸存者询问这些问题，你可以加深对“机缘”的理解。幸存者可以是你认识的有过艰难经历的人，或是能够处理好自己的生活而且乐观有趣的人。这些人可能是从战场归来的退伍军人、重伤痊愈的幸存者等。鉴于他们的经历，你一定要问问他们：“为什么你们不觉得自己过得痛苦？”

机缘性人格

与大部分人相比，生活中优秀的幸存者能够更快地将破坏性的事件或逆境调整到自己希望的发展方向上。他们几乎对任何事情的反应都是："很好！我很高兴这件事发生了！我们来玩一场吧！"如果受到意外危机的困扰，他们也不会觉得自己受到了不公正的对待。他们能够以惊人的速度从低落情绪中抽离，有效应对危机，获得天赐良机。

在我看来，"机缘性人格"和"幸存者人格"是可以互换的概念。一个人越能认识到如何才能将获得天赐良机的能力与幸存者人格融为一体，就越能理解为什么生活中优秀的幸存者比其他人花在战胜困难上的时间要少。

创造天赐良机的方法

通过以下方法，你可以培养出一些习惯，从而更有把握创造天赐良机。

- **学习迎接逆境。**"好水手不诞生于平静的海面。"逆境和不幸可以成为发现惊人力量的催化剂。如果你一再告诫自己，"出于某种原因，通过某个方式，我会处理这个问题，并使事情得到顺利解决"，极端的考验就可以将你潜藏的力量发挥出来。考验的难度越大，最终给你带来的收效就越大。

  如果你因突如其来的坏消息或不幸事件而无法应付，那么集中精力的好办法，就是提醒自己具有克服困难的天然能力。接受幸存者人格调查的受访者报告说，遇到猝不及防的困难时，他们会不断向自己重复下面就这些话。

> 艰难之路，唯勇者行。
>
> 乌云背后有晴空。
>
> 既来之，则安之。
>
> 当上天为你关上一扇门时，会打开一扇窗。

- **笑或哭。**笑声能让你更放松。如果你笑不出来，那就哭吧！无论如何，想个办法让你的情绪平静下来。当你的思考能力并未被强烈的感情影响时，大脑会更加有效地运作。要尽你所能快速稳定情绪。
- **思考解决对策。**我现在做什么会有用？新的现实情况是什么？
- **保持游戏心态和好奇心。**你可以把危机当成调剂品，对危机不以为然。其他人对这种情况有什么看法和感受？你可以询问一些与天赐良机有关的问题，比如：发生这样的事情有什么好处？现有的这个机会以前是不存在的吗？无论如何，我是怎么把自己牵扯进来的？不是以自责的方式说，而是以好奇的、观察性的方式来寻找因果关系。下一次我会做哪些不同的事情？我正在从这个事情中学到什么？我能做些什么来解决这个问题，并使事情对所有人来说都进展顺利呢？

⑨ **采取行动。**你可以做一些不同的、可能在某种程度上引起良好结果的事情。请记住：当你正在做的事情不起作用时，请尝试其他事情！

结果

遭遇逆境或不幸打击的人以不同的方式做出反应。有些人会麻木；有些人会变得非常情绪化，无法解决任何问题；有些人会把自己当成受害者，觉得自己被这种不幸击垮了，并抱怨说："如果没有发生这样的事情，我的生活会更好。"

生活中优秀的幸存者会巧妙应对强加到自己身上的破坏性变故，就好像这些变故是他们希望发生的。同样的危机或破坏性变故，使一些人把自己当成受害者，而那些具有获得天赐良机才能的人，会将这些变故转化为机遇。

干扰自然成长

不幸的是，很多人在童年时代不被允许发展自己的幸存者特质。虽然大多数孩子天生具有成为幸存者的内在潜能，但父母和老师有时会干扰他们的发展。孩子经常受到的训练是停止提问题，只学习他被告知的内容。孩子被教导说要具有某些感受，而不是其他感受。很多时候，他的直觉会被否定或废止。

孩子的自然发展，就像设备软件的自行升级一样。然而，坚持自己“都是为了你好”的父母和老师认为，必须训练孩子以特定的方式去感受、思考和行动，他们对待孩子的方式会干扰其自然发展。他们将孩子自行成长的可能性冻结在原地，这样孩子的能力就永远不会超过原始水平。

这样做的结果是，许多成年人倾尽一生都在努力表现得像个“好男孩”或“好女孩”。实际上，他们被动接受的严格行为准则减少了他们在当今这个世界的生存机会。如果你发现自己正在努力挣扎，要将自己的潜能充分发挥出来，那么下一章将告诉你：应该在多大程度上、为什么以及怎样摆脱这种童年期的禁令。本书前面的部分让你了解到，自己可以具有相互矛盾的幸存者人格。下一章将解释为什么其他人会按照他们自己的方式做事。

第 8 章

打破“好孩子”障碍

在专业团体晚餐会开始前的社交时间，一位身着深蓝色西装的男士走到我的面前。他向我做了自我介绍，并对我说：“你是一名心理学家，能不能告诉我，我该怎样做才能让我那三岁的女儿不要那么自私？”

“她怎么自私了？”我问道。

“上个星期六下午，”他说，“朋友到我家来做客。他们是带着儿子一起来的。我的女儿不想让那个小男孩玩她的玩具。虽然我们已经告诉她，要和别的小朋友分享玩具，不要那么自私，但她还是使劲抓着她最喜欢的玩具不撒手。当我们把玩具强行交给那个小男孩时，我的女儿哭了，情绪很不稳定。”

“她不想让别的孩子玩她最喜欢的玩具，这有什么问题吗？”我问道，“也许她担心玩具会被弄坏。”

“那样做是自私的行为！”他说，“我们不希望她长大后那么自私。”

大多数父母都希望孩子长大后能够行为得体、人见人爱，而且有责任感。他们都不希望自己的孩子最后“变坏”。不幸的是，取悦他人并渴望成为“好孩子”，会让孩子在长大成人之后无法很好地应对生活。此外，与他人共同生活和工作时，这样的人会给周围人带去负能量，让别人痛苦难耐。

培养幸存者人格面临的最大障碍，就来自人们在成长过程中，一直被教育要成为“好人”。例如，在我的工作坊里，当我谈到兼具“自私－无私”“悲观－乐观”等相互矛盾的特质对人有好处时，有些人会摇摇头，说我是让他们做“坏人”。虽然自相矛盾的特质可能是人们力量的源泉，但对于这样的观点人们会抗拒。如果你对于兼具相互矛盾的人格特质感到不安，那么你的抵抗可能源于内心对自己的禁令。“都是为了你好”的父母在你还是一个孩子的时候就训练你形成这些内在禁令。这些内在禁令通常与不灵活的养育方式相伴而生，你的父母总是期望你不管在什么情况下都表现出同样的行为。

当然，父母必须监护自己的孩子，以确保他们的安全，比如要阻止他们乱玩火柴。然而，当父母对孩子过度保护，并对孩子的行为方式施加极端限制时，孩子就会变得像个生来就具有预定行为模式的动物。

不希望把孩子养育成“坏孩子”的父母错误地认为，必须把所有不良的感觉、思考和行为方式的苗头都扼杀在摇篮里。他们将“坏人”作为反面教材，并试图把孩子养育成与之相反的人。我们都知道，有些人常制造麻烦，他们自私，认为自己的情感和行动高人一等，拒绝与人合作，不停地抱怨、撒谎等。这些行为让别人感到不适。

上文的那位男士问我怎样做才能让女儿不要那么自私。那些与他类似的父母秉持的是“禁止”逻辑：通过禁止不良行为，你将消除这些不良行为造成的所有问题。

很多父母认为，通过禁止孩子表现出消极态度、愤怒情绪以及自私和反叛的行为，他们就会养育出“好孩子”。这些父母通常不鼓励他们的孩子表达情绪，也不鼓励孩子提出问题，从而让孩子无法更深入地理解周遭环境对自身的影响以及自己陷入困境的原因。

当父母和其他成年人养育孩子时，如果他们很在乎把孩子培养成自己眼中的“好孩子”，那么他们常会向孩子说下面这些话。

- 不要顶嘴。
- 要有礼貌。
- 要表现好。
- 不要发脾气。
- 不要抱怨。
- 不要发火。
- 不要打人。
- 不要打架。
- 不要自私。
- 要讲真话。
- 别再埋怨了。
- 要微笑。

- 不要哭。
- 别再问问题了。

许多禁令似乎说的都是“不要”做什么。这些“不要”做的事情往往要求孩子按照“好孩子”的标准去感受、思考和行动。这就好像世界上存在一本关于思想和情感的规则书，每一代人都被迫传递给下一代。在你还是一个孩子的时候，关于“好孩子”应该怎么做，你还听到过什么其他说法?

人们常常在对比中感知，因此大部分父母都会向孩子指出坏孩子会有什么样的表现。在通常情况下，孩子听到的可能是：坏孩子老是吵吵闹闹、不讲卫生、自私自利，他们打架、骂人、骗人、逃学、偷东西、制造麻烦、爱和人争论，还不听父母的话。

当孩子听到这些关于“好孩子”不应该做什么的说法时，就会极为重视与父母保持配合，要努力表现好，而不要表现不好。表现好就意味着能从他人那里获得爱、拥抱、认可和糖果；表现不好则意味着受惩罚、被拒绝、挨骂，或者不许吃甜点、出房门。因此，为了取悦父母并获得自己需要的爱与认可，大部分孩子都在努力争取表现好。然而，这样做的结果存在一个严重的缺陷。那些在成长过程中一直被教导要表现好、不能表现不好的人，到了他们固有的成长环境之外，可能会受到情绪上的困扰。他们执着于以所谓好的（可接受的）方式做事，如果要以不太好的方式做事，他们就什么也做不了，哪怕其中某个被认为不好的行为可以挽救他们的生命，他们也做不出来。你遇到的每种情况都是独一无二的，因此如果你只从一小部分所谓好的做法中选择自己的行为，你就会让自己陷入困境。在面对某一问题时，父母可以与孩子商量多种解决方法，推测相应的结果，判断每种方法是否恰当。

战俘的证言

“好孩子”障碍在我们的社会中如此普遍，以至于它妨碍了大部分人去有效地应对变故、意外困难和极端危机。当曾经的战俘比尔·加勒布读到关于“好孩子”障碍的描述时，他立刻给我写了下面这段话。

我非常想要对这个问题发表看法，我可做不到什么也不说。小时候我在教区学校上学，当时如果我看到了事情的两面，别人就会指责我前后不一致，或者说我“像个女人一样反复无常”。换句话说，人们互相把对方设定为单向度的、片面的人，这种特质与幸存者人格恰恰相反。我已经了解到，能看到事物的两面是好的，这使我非常愉快。现在我更喜欢自己了。值得一提的是，尽管我在小时候受到过教导，听到了许多规定，不能表现出相互矛盾的人格特质，但当我的生存受到威胁时，我依靠的是基本的、天生的特质，而且忽视了我内在的童年禁令。

成年后，为了生存，加勒布不得不与自己原有的成长方式进行对抗。他的经历在幸存者中并不罕见。

消耗他人精力的“好人”

虽然大部分人在 18 岁左右离开父母时，会自然而然地摆脱童年时期的限制模式，但很多成年人一生都在努力地表现得像个“好孩子”。在成长过程中被教导要一直遵循内在童年禁令的那些人，可能会给其他人造成许多困扰。尽管人到中年，但他们仍然认为自己应该表现得像 5 岁时被设定好的样子。

一般来说，大部分的“好孩子特质”是受欢迎的，饱含真心地运用它们有助于形成安稳平和、相互尊重的社会。然而，当人们并非真情实感地表现出这些特质时，问题随之而来。这些“好人”不仅没有能够处理压力情绪的自我意识和适应能力，而且还会将负能量带给他人，消耗他人的精力。他们可能会阻碍你提升或治愈自我。出于以下原因，与他们共同生活和工作，对你来说可能是个负担。

- **他们没能给你有用的反馈。**即使你提出要求，让他们直接向你表达感受，他们也不会照你说的那样做。虽然在你看来，他们显然很愤怒或不安，但他们往往自己不承认。当他们承认自己心烦意乱时，就会表现出受害者反应。他们会责怪你，说他们不愉快的感受是你造成的。如果你应该给他们打电话但没有打，那么他们可能会说：“你没给我们打电话，你真让我们伤心。”

- **他们自欺欺人。**他们相信自己帮助别人的努力是大公无私的。例如，当一位女士问我如何才能让她的丈夫不再消极时，我问道：“你为什么要这么努力地改变他？”“我这是为了他好，”她说，“他应该变得比现在快乐得多。”“好人”自欺欺人的方式是，他们可以采取对你有害的方式做事，同时确信他们都是“为你好”才这么做的。“与这样的朋友为伍，谁还需要敌人？”虽然你们表面上和谐融洽，但他们时常打着“为你好”的旗号否定你。
- **虽然他们努力让别人对自己只有好的评价，往往却事与愿违。**例如，如果有人试图强迫你吃些糖果或蛋糕，并感觉到你对此的态度有些不快或抗拒，他可能就会更加努力地让你顺从他的要求。他的努力可能使你表现出更为强烈的抗拒，从而导致这个人愈发努力。当这类人的行为不起作用时，他们不是改变自己的做法，而是去做更多当初引起对方抗拒的事。令人遗憾的是，他们没有认识到的问题是，如果他们不再那么刻意地去使自己得到他人的喜欢，他们就会更加讨人喜欢。

- **如果你不认可他们的努力，那么你将接受惩罚。**他们试图控制别人对自己的看法和感受，如果你抗拒他们的做法，他们可能就会认为是你做人有问题，并为此去惩罚你。在这个问题上，他们的思路是：受害者需要施害者，施害者理应受到惩罚。当他们强迫你只表达那些他们需要的情感，而你没能让他们如愿以偿时，你就会成为"施害者"，接受情感虐待的惩罚。
- **他们无法与你共情。**当你试图与他们讨论某件令人不安的事时，他们会变得非常不可靠。根据他们的思维方式，他们可能根本不承认自己说过某些话。他们还可能会在你毫无准备的情况下突然指责你。在好好考虑过这件事之后，你会发现他们对此误解颇深。虽然你可以提起这件事，准备与他们讨论一二，但他们会说"我不记得我那样说过"或"我不是那个意思"，或者马上给自己找一个借口。他们根据自己的意图进行自我评判，而不是根据他们对别人的影响去评判自身。
- **他们掌握了表现脆弱的技法。**无论你多么努力地想让他们倾听你的话、与你共情，或进行自我观察，他们都会想方设法让自己情绪低落。然后，他们还会试图使你成为他们难过的缘由，从而使你产生负罪感。在工作环境中，你很难对他们给出绩效评估。无论是你让他们把工作做得更好一些、与他人更好地相处，还是要求他们更直接地向你提出请求，几乎你所有的努力都会引起他们的抗拒。这类“好人”可能会说：“你为什么要针对我？我不是一个坏人。你为什么不批评其他人？他们比我更糟糕。”你在努力让事情有所改善，当你提起关于他们该如何改进的话题时，他们会指责你，从而让你感到内疚。

- **他们无法区分建设性批判和破坏性批评。**如果收到一些令自己不快的反馈意见，他们就会认为那些意见属于破坏性批评，而且是有人居心叵测地提出来的。他们认为，如果你真的关心他们，你就不会质疑他们令人不快的表现。具有幸存者人格的人认为，如果一个人真的关心另一个人，前者就会质疑后者令人不快的表现。事实上，他们从经验中学到的东西很少，终其一生都只停留在孩子般的情绪水平上。
- **他们觉得自己得不到爱和关注。**即使你给予他们很多爱和关注，他们能够感受到的也非常少。他们就像站在瀑布下大喊“我渴了”的人。他们常说：“毕竟我已经为他们做了……当我离开后他们会难过的。”
- **他们是自我打造的殉难者。**首先，他们因为自己的痛苦而责备你。其次，他们又原谅你给他们造成的伤害和痛苦。令人难以置信的是，他们认为自己在情感和道德上都高人一等。
- **质疑他们会让事情变得更糟。**如果你已经对此感到厌

> 倦，并因而对他们的受害者作风提出质疑，那么他们的受害者反应会比你之前看到的还要糟。他们无法面对因自己的所作所为而受到质疑，因为受害者作风是他们最擅长的行事作风。在还是一个孩子的时候，他们几乎没有能力进行自我观察，或者有意识地选择以不同的方式去思考、感受或行动。

因此，“好孩子”障碍不利于培养幸存者人格。由于缺乏情感上的真诚和自我意识，这样的人会压制相互矛盾的人格特质，缺乏共情能力，很少从自己的经验中学习，并且会给他人带来消极的影响。他们被困在破坏性的行为模式中，并且从身边的共生者那里得到支持，从而让身边的人也陷入这些行为模式。这样的人会妨碍你为实现积极变化而付出努力，因为他们认为那是人身攻击。虽然他们每天都可以正常地生活，但你不会希望由这样的人来负责重要的事情。

隐藏障碍：共生

通常，改变的最大障碍就是改变本身。任何时候，只要一个人不断重复相同的行为模式，你就可以确定，这个人一定是从中获得了许多情感收益。近年来，“共生”（codependency）已经被确定为不良的行为模式。然而，这种现象却很难改变。这是为什么呢？因为一个人可以从共生中获得情感收益，一想到要改变，就会因无法应对改变而产生种种恐惧。

“共生”这一概念源于某项成瘾研究，该研究旨在考察个体在治疗后仍依赖酒精的原因。研究发现，非酒精成瘾者会在帮助酒精成瘾者的过程中获得许多情感收益，就像“好孩子”认为自己做了应该做的事情一样。这种情况往往促使双方都对酒精产生依赖。非酒精成瘾者为自己做了好事，而与酒精成瘾者形成共生关系，从而间接性地依赖酒精。

感知基于对比

那些希望被他人视为“好人”的人，需要以某种方式将他人描述为“坏人”或有缺陷的人，从而让他人与自己进行对比。在拥有共生关系的夫妻中，一方总是关心另一方，并试图掩饰另一方的过失。他们会原谅酒精成瘾的配偶，他们也经常被密友视为“圣人”。这样宽容和有爱心的人，以无私的奉献精神承受着巨大的生活重担，从而受到他人的钦佩和尊重。

一位女性朋友曾经给我讲过，一些女人会聚在一起抱怨“男人都不是好东西”。在这种情况下，她们会夸大自己在生活中因男人而遭受的痛苦。与所有重复性的行为一样，分享痛苦能给她们带来好处。她们彼此间有着亲密的情感关系，往往比与自己伴侣的关系还要亲密。这就是为什么许多男人从伴侣那里得到的评价一直都很糟糕，并且他们也不清楚自己到底怎样做才对。这种糟糕的情况愈演愈烈，从而这些女人又多了下次见面时新的谈资。

夏尔·保罗在《心中的勇士：内在力量指南》(*The Warrior Within: A Guide to Inner Power*) 中指出，有些人正在改变自己的共生关系和受害者作风，而在改变过程中有很多隐藏的障碍。要想转变，他们会面临以下问题。

- 他们需要放弃其身份所依据的负面参考框架。
- 他们会失去受到他人尊重和欣赏的主要来源。
- 如果对成瘾的人表明反对立场，他们就会在别人眼中显得态度强硬、麻木不仁、冷酷无情，即表现出“坏人”才具有的特点。

那些在幸存者看来很容易实现的改变，对“好人”来说是难以接受的，因为他们具有固定化的人格。不幸的是，人们很难帮助“好人”改变其不良的共生模式。

促使一个人宣称自己“践行共生模式”，并不能帮助他放弃这种不良的行为模式，反而还会迫使他接受这种消极的身份认同。对那些低自尊的人来说，这样做是一种伤害。当出于好意的拯救者先督促一个人接受消极的自我身份认同，而后再帮助他不再做那类消极的人时，这个人很难做出改变。

更好的方法是努力用一种更健康、更具协同性、更令人满意的方式来取代童年禁令和无效的共生模式。这说起来容易做起来难，而且人们需要花时间去思考、分析、尝试，可能还需要接受咨询师或教练的专业训练，来确定你的特定行为模式和适合的替代行为。

保护自己

当一个人试图通过让别人感到烦恼或陷入共生关系来控制别人时，这个人并不一定是“坏人”。这个人的意图可能是好的，并且已经学会了使用有效的方法来应对自己的处境。如果你认为这类人给你的生活带来了问题，那么你能做些什么来减轻这类人对你的负面影响？

一种选择是接受现状。你可以下定决心，假装事情没有看起来那么糟糕，忍受问题的存在。另一种选择是将当前形势视为自己的学习机会。你需要学习不再把自己当作受害者。你是否一直在想，只要别人改变，事情就会好得多？如果是这样，你就是在以受害者作风来应对别人的受害者作风，而没有采取正确的学习和应对的方式。

当别人对你造成负面影响时，你该怎样应对呢？不要试图让他们与你共情，也不要试图让他们进行自我观察，更不要花费过长的时间试图让他们理解问题所在。你只需要简短地告诉他们你的直观感受。

当你被一个人指责不关心他或想伤害他时，试着对他说“你错了”或者“你把事情耽误了”。然后，你要保持沉默。不要对你说的内容进行解释。不要让他逃避责任，他需要意识到他的言行对你产生了负面影响。

你可以尝试转换沟通方式。你要认识到，言语对这类人可能并不适用，言语之外的东西可能使沉迷于酒精或赌博的人发生改变。尝试通过行动来使他们意识到其行为可能导致的后果。

如果他们做出任何好的转变，你就要马上表扬他们。在能及时获得情感收益的情况下，他们会更容易放弃旧有的行为方式。

摆脱禁令：虽然困难，但能实现

如果你发现自己受制于"好孩子"模式，那么你是有希望得到改善的。重要的是你要先承认，"好孩子"模式在童年时期是有效的。在极为困难的情况下，孩子能选择的最佳行为模式便是"好孩子"模式。长大以后，"好孩子"模式会限制成人的发展。受制于"好孩子"模式的人很难表现出不同以往的思考、感觉和行为方式。做出改变是需要勇气的，因为这意味着你要走出"好孩子"所背负的"人造外壳"，进入危险甚至可怕的区域。

任何试图表现得像个"好孩子"的人，在面对超出他们从小被教导的行为能力范围的挑战时，都很容易变得不堪重负。这就是为什么那些心地善良、行为得体的中产青年在面对现实问题时，往往容易被邪恶势力腐蚀。多年以来，他们在学校因为表现良好而受到表扬，他们所熟悉的是：未经允许不能在做事（上课）时去洗手间或喝水；被动地坐在那里，听一位权威人士告诉他们该如何去思考、感受和行动，以使自己成为一种新型的“好孩子”。

只是依照别人的指令去行动，你是无法拥有幸存者人格的。当你展现自己与生俱来的能力和认知水平，从自己和他人的经验中学习时，你才可能拥有幸存者人格。当你突破情感限制时，你会展现出真正的自我。具有“好孩子”模式的人以机械化的方式行事，而具有幸存者人格的人将眼前的状况考虑在内，并根据行为的影响来行动。

后面的章节将向你展示，要想发展新的力量，与参加工作坊或阅读心理自助类图书相比，现实生活中的困难可以创造出更好的机会。然而，要想做到灵活处事，你往往需要拥有相互制约的人格特质，以某种多数人认为不良的感觉、行为去制约某种所谓良好的感觉、行为，因此学会这些并不容易。对在成长过程中一直被教导要表现得体的人来说，培养幸存者人格往往需要学会表现得比之前消极、自私、愤怒和自我欣赏。

下文将以循序渐进的方式告诉你，破坏性的变故、令人痛苦的处境和失业往往需要你跳出舒适区进行思考，从而在处理困难和意外状况时可以更加有技巧。

通过学习如何从这些日常生活的困难中获得力量，你将更好地为应对危机、重病、灾难和其他痛苦经历做好准备。你的幸存者能力源于学习和应对日常生活的真实挑战，这是生活这所学校教给你的。

第 9 章

从逆境中成长

逆境可能以多种形式出现，比如一次破坏性变故、许多持续不断的变化，或者各种各样的压力事件。生活中优秀的幸存者不仅能从容应对这些逆境，还能从中获得力量、奋发向上。

遭遇破坏性变故时奋发向上

如果政府接管了你的银行账户，把你和你的家人从家中赶走，又把你们所有人带到了这个国家的另一个地区，下令让你们留在那里，你会怎么做?

1941 年，这种情况发生在了很多日裔美国人的身上。在日军偷袭珍珠港并入侵菲律宾之后不久，美国政府迅速扣留了所有生活在太平洋沿岸的日裔美国人。许多人被关押在有士兵看管、被铁丝网包围的营地里。其他人被带到内陆地区，虽然政府允许他们租用私人住宅，但他们只能在当地活动。

内藤一家被带到了犹他州盐湖城的郊区。为此，父亲秀·内藤变得十分沮丧。他是一个好公民，多年来一直在努力经营他的诺克雷斯特陶瓷进口公司。这家人非常苦恼。美国政府怎么能强制剥夺他们的一切呢？这是“非美国式”的做法。

16岁的比尔·内藤面对这种困境，他必须想办法来养活全家人。他问家人：“我们能做点什么？”他们需要从事一项只需要很少资金的营生，做一件全家人可以共同为之努力的事情。

比尔告诉我，他和哥哥山姆萌生了“养鸡卖鸡蛋”的想法。比尔说：“我们把一些鸡蛋仔细地清洗干净、包装好，然后卖给邻居。用另一些鸡蛋孵出更多的鸡，下更多的鸡蛋。随着业务的增长，全家人都参与进来，包括我的母亲、父亲和兄弟姐妹。四年来，我们就靠卖鸡蛋来养活全家人。我们还拿鸡粪和一个日裔农民换新鲜蔬菜。”随后，比尔微笑着补充说：“我们的业务规模扩大了很多，盖起了两个很大的鸡舍，还给鸡舍铺上了水泥地板！那里的农民从来没有听说过还有铺水泥地板的鸡舍。他们觉得我们一家人很不一般。”

大约70年过去了，内藤兄弟在重大再开发项目方面取得了成功，这些项目是其他开发商无法涉足的。作为十几家企业和很多商用建筑物的拥有者，他们凭借着冒险精神重新规划了俄勒冈州波特兰市中心地区，并因此赢得了许多赞誉。

比尔·内藤说：“梦想来源于困难。‘我们能做点什么’这个问题可以激发我们的想象力，让我们去探索可能的解决方案。当有人说我们的想法超乎想象时，我的精神头儿就来了。”

从逆境中汲取力量

在谈论心理健康的人时，亚伯拉罕·马斯洛提到了“分水岭原则”（continental divide principle）。马斯洛说：“我用这一原则来描述这样一个事实，人们要么在一开始遇到压力时因无法承受而被完全压垮，要么就已经强大到足以在一开始就承受住压力；如果他们能从压力中挺过来，那么压力将赋予他们力量，调整他们的状态，并使他们更强大。”

在相同的逆境下，有些人能够获得力量、奋发向上，而另外一些人则变得更加弱小？是什么造成了他们的差异？

在遭遇破坏性变故的冲击之后，能够奋发向上的人会采取以下行动和反应模式。

- 恢复到情绪平衡的状态。
- 在转变过程中应对变故。
- 适应新的现实情况。
- 恢复到稳定的状态。
- 学会比之前更优秀、更强大、更奋发向上。

图 9-1 描述了人们对于破坏性变故的不同反应方式，以及

如何一步步变得奋发向上。

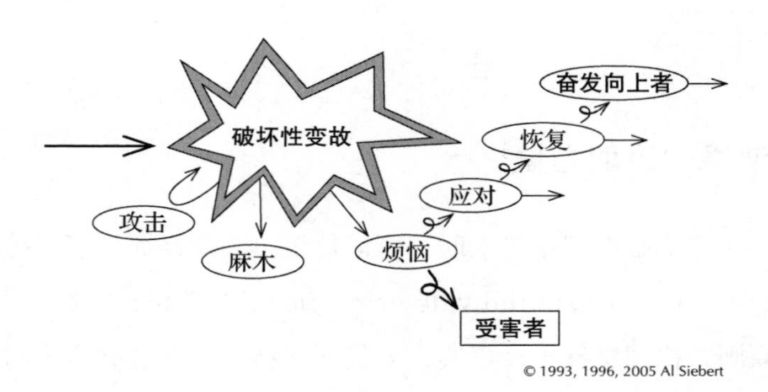

图 9-1

有些人攻击别人扰乱了自己的生活；有些人感到压力重重，变得麻木不仁。那些把自己当成受害者的人觉得自己的生活被毁掉了。有些人虽然当时应对了灾难，但没能从灾难中完全恢复过来，而是停滞在某个阶段。奋发向上者能够跨越这些阶段，期待事情向好的方向发展。他们虽然起初会对破坏性变故感到不安，但积极的态度将推动他们向好的方向进行下去，以实现有利的结果。凭借乐观的精神，奋发向上者将提出各种各样的问题，例如：发生了什么事？新的现实情况是什么？我能做些什么？为什么说发生这样的事是有好处的？他们通常能够在解决问题时注意到有趣的事物，能够运用共情能力和创造性思维来想出行之有效的应对方式。当尝试学习运用更好的方式做事时，他们保持自信，并对意料之外的事件走势保持开放包容的态度。

处理情绪

要想从失业、离婚等重大破坏性变故中恢复到情绪平衡的状态，你先要表达自己的感受，并与有类似经历的人一起相互支持。心理学家詹姆斯·彭尼贝克及其助手把一些拥有熟练技术的工人分成三组进行实验。这些技术工人曾经在一家大公司工作，因为公司裁员而失业，并且没能成功找到新工作。

第一组工人在 5 天里每天花 20 分钟将自己的情绪写出来。8 个月后，其中 68% 的人找到了全职工作或自己满意的兼职工作。第二组工人被要求写下自己的时间管理计划，其中 48% 的人找到了工作。第三组工人什么都不写，只有 27% 的人找到了工作。

彭尼贝克在自己的著作《敞开心扉》(*Opening Up*）中指出，在小组会谈中，所有写出自我感受的人都说，要是自己早点这样做就好了。他们承认自己在求职面试中做得不好，因为他们没能有效地处理自己的情绪。

支持小组为什么有益

你在遭受破坏性变故之后，花些时间与愿意倾听的人交谈是非常有帮助的。当你的思绪沉浸在前上司或即将离婚的配偶带给你的负面情绪中时，支持小组可以帮助你熬过这段混乱的时期。

当管理者裁员时，不管他们怎么做都无法令员工满意。员工们会不停地抱怨，到底高层管理者和经理们做错了什么，还是因为他们的无能才导致了这种情况发生。

离婚时也是如此。你的脑中一再重复的是对方做错了什么，以及对方应该采取哪些不同的做法。过去的经历不断涌现，你陷入长时间的内部对话，翻过来调过去地想着对方应该知道自己的问题，同时又因为对方根本不想听这些而感到沮丧。

支持小组可以陪着你经历这一切，并且使你的精力朝向积极的方向。

累积效应：有些人变糟了，有些人变好了

陷入受害者模式的人积累了很多消极体验，他们处理压力的能力因此减弱（见图 9-2）。

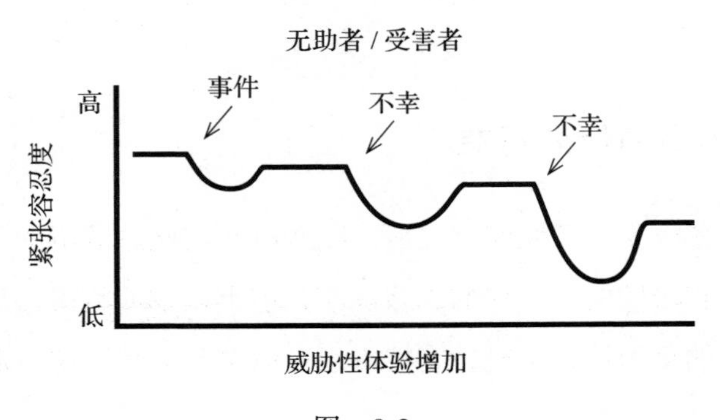

图 9-2

从学习者的角度出发，奋发向上者通过不断战胜挫折和不幸，增强了自信心，变得更能克服紧张情绪（见图 9-3）。

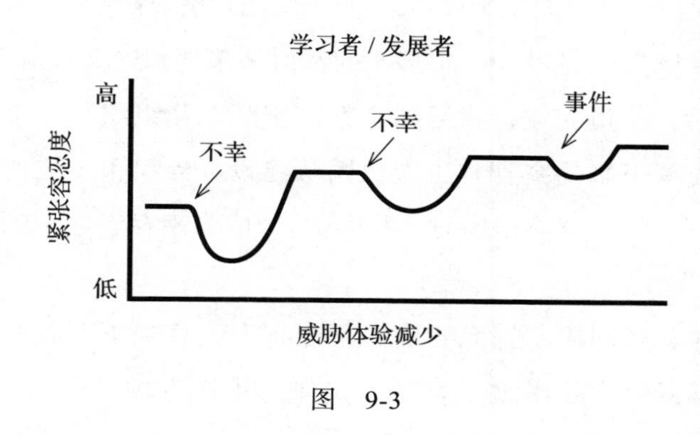

图　9-3

战胜困难所起到的效果，与有目的的拓展训练达到的效果类似。亨利·塔夫特在为罗伯特·高德福瑞的《拓展训练：可能性的学校》一书作序时指出，拓展训练经历能够“教会你在生活的旷野中如何生存”，拓展训练能带给人一种“如果我能够做到这一点，我就可以做到任何事”的感觉。

每一段涉及破坏性变故的人生经历都可以教给你如何在几天或几个小时而不是几个月内突破自我、奋发向上。你迅速将每个挑战理解为一件事（而非不幸），并把它视为新的冒险。你能感受到痛苦，采取措施应对转变，寻求家人和朋友的帮助，确定有用的资源，制订首选计划和备用计划，并为向新的人生方向迈进而满怀热忱。能够对今后生活的走向造成影响的是行动，而不是惰性。

新的方向

我在一家大型化肥厂组织过一个工作坊，来帮助工人应对即将裁员 70% 的状况。很多工人都对未来感到迷茫和沮丧。4 个月后，裁员完成，我回到这家化肥厂，又组织了一个工作坊，为留下来的主管和工人做团队建设。当我和一位留下来的主管一起穿过停车场时，我问他："成为幸存者之一的感觉如何？"

他环顾四周，好像要确保不会有人无意中听到我们的对话，然后说："坦白说，阿尔，我有点沮丧。"

"你有点沮丧？"我疑惑道。

他微笑着说："当工厂宣布裁员时，我以为我会被裁掉。我一直想上大学，所以我查看了大学的专业目录。我与几位大学顾问谈过，选好了打算上的课，并且填好了大学申请表。我本来准备在收到辞退信的当天提交大学申请。尽管我很高兴自己仍有工作，但不能上大学让我感到沮丧。"

我能理解为什么工厂管理者决定让他留下来工作，而裁掉了其他大部分人。无论生活把什么甩到他面前，他都会积极地迎接挑战。

由谁负责

人们对破坏性变故的反应有好有坏，是好是坏在于我们如何回答这个问题：从根本上说，我的生活进程该由谁负责？

心理学家朱利安·罗特指出，内控者相信他们可以控制自己的生活，外控者认为环境、命运和机遇等外部因素决定了自己的生活状况。

在困境中奋发向上的人考虑的是自己内心的态度和信念。把自己当成受害者或者愤怒地抨击别人的人，考虑的是外部的信念。

展示测验

表 9-1 中的语句改编自罗特的样本测试内容，展现了“内控观点”和“外控观点”之间的一些差异。针对表 9-1 中的每一对语句，请把最能准确地反映你的观点的语句标出来。

表　9-1

外控观点	内控观点
升职通常是因为受到领导的青睐	升职多是坚持努力的结果
相比于能力，运气对收入有更大的决定作用	个体收入主要是由能力决定的
我基本控制不了影响我生活的那些事情	我控制住那些影响我生活的事情
运气决定人生成败	有了好的规划，经过努力，几乎所有人都能成功
如果这个世界没有那么多问题，我就能更开心一些	即使面对很多问题，我也能保持开心

有趣的是，两组观点都是自我验证式的。相信命运受外部力量控制的人以能证实自己观点的方式行事。相信自身能改善生活的人也以能够证实自己观点的方式行事。

从容应对持续不断的变化

你的内在力量越强大，你就越能从容应对持续不断的微小变化。这些微小变化会悄然发生，并在不被你完全注意到的情况下逐渐累积起来。当你知道发生了这些不引人注目的事情时，你会在这里调整一点，那里适应一点。甚至在你都没有意识到这些变化的时候，你也会不断调整自身。

在如今这个持续变化的世界中，我们需要培养新的技能。在过去，我们期望变化是需要被化解的一次性事件，最后重新归于稳定；在过去，我们可以长期从事某项工作，并期望能一直做到退休。然而现在，职场人士必须做好进行多次职业转换的准备。

在过去，一名员工在一生中可能只会换一次工作；在过去，我们的亲戚中很少有人离婚；在过去，你可能永远不会接到银行被收购而改名的通知。然而现在，这样的变化则时有发生。

所有这些变化都伴随着情感上的代价。你的精力要分散到很多事情上。当你最喜欢的商店搬家或破产时，你会感到烦恼。你可能会觉得有些失落，就好像你居住的世界并不是那个你熟悉的世界。

要想有效地应对持续不断的变化，需要你先能意识到变化的存在。你可以花一些时间来看看表 9-2，它体现了过去与现在人们的人生体验在行动、思想和行为等方面的差异。你可以根据自己的经验补充更多的差异。与其他人一起讨论这些变化将对你十分有益。

表　9-2

过　去	现　在
未来是确定的	未来是不确定的
做长期计划	做临时计划
拒绝变化	适应变化
依靠领导	依靠自己
在稳定的组织中工作	根据组织的变化而变化
接受训练去做已经存在的工作	学会创造新的工作
知道答案	知道问题
寻求安全，避免风险	管理风险
消除压力	管理压力
忠于组织	忠于职业
工作的焦点在产品上	工作的焦点在服务上
避免犯错	从错误中学习
做个“好人”	培养高效习惯
不同意见受到压制	不同意见得到鼓励
工作和家庭的环境是安全的	工作和家庭的环境没那么安全
父母生活在一起的家庭	单亲家庭
老人帮忙看孩子	孩子自己看电视
固化的男性和女性角色	男性和女性角色没有清晰划分

（续）

过　去	现　在
长期目标	即刻满足
发明游戏来玩儿	购买游戏来玩儿
普遍认可的道德观	不明确的道德观
坏消息不常出现	坏消息频繁出现
地球容纳人类活动	因人类活动，地球不堪重负
寿命短	寿命长

变化需要人将学习贯穿一生。变化意味着对过去放手。花时间记住和谈论一去永不回的美好旧时光有助于让你从过去转变到现在。

在某种程度上，这就好像哀悼的过程：你留存记忆，继续前行。为了处理好因变化而产生的情绪问题，你可以与一些人通过交谈来了解彼此最美好的回忆。你有什么值得骄傲的事情？失去什么会让你难过？摆脱什么能让你愉快？

你可以问问自己：现在与过去相比，自己有哪些变化？这些变化能带来什么好处？

从容应对正在发生的重大挑战

要想从容应对超出你控制范围的事件，你就要在其中找到价值和机会。作为一名州政府雇员，吉姆·戴尔工作了 20 多年。彼时，其工作单位由一位新上任的主任来管理。在一次会议上，这位主任宣布了一项重组计划，该计划将使地方办事处人员多年来的出色工作毁于一旦。吉姆说：“我在会上发言，对这个即将实施的计划提出了一个问题。主任瞪着我。他非常生气。”这位主任说：“吉姆，你的问题就是你根本没有团队精神。”

三个星期之后，管理者将吉姆调到另一个岗位上。一个月之后，他又被调到另一个部门。几个月之后，他被安置到另一个办事处。一年之后，他被调到一个新岗位上，随后被调到另外一个办事处，这种频繁的岗位调动一直持续下去。

吉姆对每一次岗位调动的反应是什么呢？他说：“我喜欢与人打交道。我喜欢为人们做事。每天早上我都会告诉自己，这是一个能为人们做点事情的全新机会。除此之外，我对工作之外的事情也很感兴趣。我并不是只有通过工作才能感受到自己对于他人的重要性。”

吉姆很快就能适应每一个新岗位，并发挥出自己的作用。他享受每个挑战，并愿意了解不同的办事处和部门。在 6 年的时间里，他不断从一个岗位换到另一个岗位，他说：“一位副主任悄悄告诉我，主任曾经试图让部门负责人给我的绩效打低分，或者强迫我辞职。然而，他们没有照办，因为他们永远找不到理由。我总是很能干，在工作中起到了非常重要的作用。”

事实上，吉姆的地位开始提高。他对州政府很多部门的内部运作都相当了解，而且非常擅长处理公民投诉方面的问题。在离退休还有两年的时候，吉姆获得了意想不到的奖励。他说：“当负责工资分级的工作人员了解到我的工作之后，他们把我的工资等级提高了 3 个级别，从 24 级升到 27 级！我甚至没把他们要求的所有文件都交上去。我退休时的工资等级比我之前预期的要高得多！”

战胜想象中的压力

工作中的一些处境可能让很多人不堪重负，而作为生活中优秀的幸存者，吉姆能够从容应对这种处境。吉姆没有像受害者一样反应，也没有声称因工作压力而患病，而是奋发向上、战胜压力。

人们通常对“压力”（stress）一词使用不当。这个词之所以被滥用，在一定程度上是因为汉斯·塞利的一个错误。塞利提出了“生理性压力”的说法，并对此展开了开创性研究。

塞利是一名医生，他研究为什么人体内的腺体和器官对于不同的病症和毒素（毒物）的反应大多是类似的。他希望了解生病的生理学原理。通过研究，塞利发现了他称之为“全身适应综合征”（general adaptation syndrome，GAS）的生理现象。当持续不断的警报反应（“战斗或逃跑反应”）耗尽身体的反应能力时，全身适应综合征反映了疾病和死亡是如何发生的。塞利发现，高血压、心脏病、溃疡、免疫力下降以及生理性衰竭并非特定疾病造成的结果，它们是“适应性疾病”。也就是说，当人体无法满足持续不断的需求时，上述疾病就出现了。

然而，塞利在《我人生中的压力：一名科学家的回忆录》

（*The Stress of My Life: A Scientist's Memoirs*）中承认，他错误地使用了“压力”来描述人体的适应性资源是如何被耗尽的。

> 在物理学中，“压力”指的是作用力与反作用力之间的相互作用。我只不过是从物理学中借用了这个术语，在“压力”前加上了“生理性”，来描述我在生理层面的发现。坦率地说，当我选择这样做时，我并不清楚“压力”和“紧张”之间的区别。“压力”用来描述某物作用于他物（同时后者反作用于前者），试图使其变形。“紧张”用于描述物体因受影响而发生的变化。因此，我应该把我的发现称为“紧张综合征”……我没有注意引起问题的因素及其对人体造成的影响。

我们每个人面临挑战时都会感到“紧张”，而不都会感到有“压力”。压力像是“隐形的食人鱼”会吞噬我们。然而，这个世界并没有充斥着压力，在你感到紧张之前，压力并不存在。

旨在确定工作压力的调研以及减轻工作压力的工作坊往往弊大于利，因为它们让很多人误以为自己因压力而患病。一个人在工作中的压力取决于他对正在发生的事情的感知能力和应对技巧。造成问题的不是环境，而是你对环境的反应。

对一个人造成压力的事物对另一个人来说可能不会如此。这意味着工作压力无法被客观定义。一个人能感觉到的压力不是由客观存在的工作问题造成的，而是由这个人如何感知正在发生的事情造成的。

如果一名举重运动员在把100磅的杠铃举过头顶后，失去了对杠铃的控制，他试图把杠铃抛向另一名运动员，那么后者对于接住杠铃不让它砸到自己是否有压力？如果后者是一名身材苗条的少女，那么即使她是一名获得过奖牌的体操运动员，她也会觉得有压力。因为试图接住杠铃很可能会让她受伤。然而，如果后者是一名职业足球运动员，那么他可能会轻松接住杠铃，然后一边把杠铃交还给举重运动员，一边说："是你掉的杠铃吗？"对这名职业足球运动员来说，100磅的杠铃还不够让他好好锻炼体能呢！在后者因没能力接住杠铃而感到紧张之前，100磅的杠铃并不是一个有害的压力源。

如果你每天都需要处理300个电话，打来电话的人都是需要你的公司做出某些行动的人，你会感到有压力吗？对我们大多数人来说，这确实会让我们感到有压力。然而，对于那些平均每天要处理400多个电话的保险公司客户代表来说，处理300个电话将是轻松的一天。

很多人没有意识到，紧张可能具有益处。塞利创造了"良性压力"（eustress）一词，强调某些紧张是身体健康必备的。中等水平的紧张是最理想的。运动员通过频繁的锻炼来增强体力；专业学校试图使人们略微超越自己的极限，来提高人们的能力；令人痛苦的经历可以激励人们去学习新的应对技能。

关于减轻工作压力的图书、文章和工作坊往往弊大于利，因为它们使人们产生了一种错觉——"压力"是存在的，它持续不断地攻击和伤害着我们每个人。事实上，大多数人所说的“压力”是一种他们不喜欢的内在紧张感。

为什么人们非常担心压力

如果你想获得健康的生活和长寿秘诀，你就要了解压力和紧张对人体产生影响的多种方式。大约在 10 万年前，拥有我们这样的机体的人类首次出现在地球上。在那时的大部分时间里，人类的平均寿命大约为 35 岁。大约在过去的 100 年中，人类通过改善卫生习惯、接种疫苗和使用抗生素等方式对传染病进行了控制，全世界人类的平均预期寿命攀升到 50 岁，而后达到 60 岁。人们发现，随着人均寿命的延长，不良的生活方式成为重要的死亡原因。吸烟、饮酒、不健康的饮食习惯以及缺乏锻炼，都可能缩短个人的寿命。人们对身体健康、饮食营养和安全生活的认识在逐渐加深，这使得人类的平均预期寿命增加到近 70 岁（见图 9-4）。

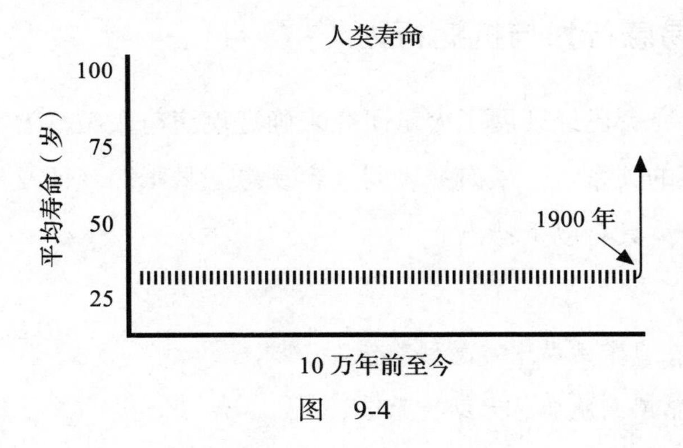

图　9-4

现在，心脏病、癌症和中风被列为人类的主要死亡原因。即使是生活习惯良好的人，也可能因塞利在多年前提出的“适应性疾病”“生理性压力”而走向死亡。

然而，压力是个问题吗？不！压力不是问题。真正的问题在于，有些人对生活事件的感知方式和反应方式导致了疾病和早逝。真正的“杀手”是持续的过度紧张，而受害者往往是其“帮凶”。

很多人都在自欺欺人。他们因为糟糕的自我管理而患上适应性疾病。镇静剂和酒精的广泛使用，可以证明人们通常并不知道如何缓解紧张的情绪。美国国家药物滥用研究所的数据表明，美国医生每年都会开出数百万份减轻焦虑和抑郁症状的药物，例如安定、赞安诺和百忧解等。另外，美国还有数百万人使用酒精和其他药物来缓解焦虑和紧张，从而得到身心放松。

疾病易感行为与抗病行为

研究者已经开展了大量研究来确定疾病与人类行为之间可能存在的关系。一项研究表明，容易患上紧张综合征及相关疾病的个体具有以下特点。

- 在日常活动中常感到悲伤。
- 常感到脆弱、无助、无奈。

- 可动用的内部资源和外部资源都很有限。
- 不清楚自己的感受，并且无法自如地表达自己的感受。
- 埋怨他人造成了自己不愉快的感受（“你让我不开心了”）。
- 感到被孤立，不被接纳。
- 自我改变的空间不大。
- 不断积累消极体验。

与之相反的是，不太容易患上紧张综合征及相关疾病的个体具有以下特点。

- 很少在日常活动中感到悲伤。
- 觉得自己有能力对令人不快的事件采取有效行动。
- 应对措施的选择范围广，内部资源和外部资源相对充分。
- 受到家人和朋友的关心与支持。
- 了解并能够表达自己的感受。
- 将自己的反应与引起该反应的原因区分开（“你的做法让我不开心了”）。
- 能很好地进行自我改变。
- 常常将消极体验转化为有益经验。
- 善于发掘愉快的积极体验。

我们应对生活事件的模式与体内细胞应对外来物质的模式相似。当我们体内的细胞错误地将食物或良性物质识别为有毒物质时，就会产生过敏反应。例如，当一个人的体内细胞将小麦或乳制品识别为有害物质时，这个人就会对小麦或乳制品过敏。塞利解释说，如果一个细胞将某种物质识别为有毒物质，就会产生抗毒性反应（catatoxic reaction），从而将有毒物质摧毁。如果细胞将某种物质识别为无害物质，则会产生共毒性反应（syntoxic reaction），接受这种物质的进入并与之共存。

有些人的表现就像有着过敏性思维。他们对许多平常的事情感到震惊和痛苦。与之相反，对于令人不安的境遇和事件，有些人拥有强大的心理素质，产生了情绪免疫。在他人眼中有害的事物，被这些人转化为有益的事物。

这种情况类似于人们被蜂类蜇伤后的反应。有些人体质非常特殊，被一两只蜜蜂蜇伤就有死亡的风险。事实上，大多数人对此都有正常的抗毒性反应。当机体的防御系统努力清除蜂毒时，大多数人被蜜蜂蜇到的地方就会肿起来。然而，养蜂人对此产生了一种共毒性反应。他们对蜂毒具有免疫力，他们在被蜂类蜇伤后几乎没有反应。与之类似，情绪免疫是通过人生经历习得的。

破除内在禁令

那些受制于“好孩子”模式的人，在成长过程中受到的教育是不要去抱怨、不要不快乐、不要自私，因此往往难以缓解日常紧张情绪。为了避免患上适应性疾病，人们必须能将不快乐的感受表达出来，并以可能看似自私的方式行事。

有几个小时感到不快和消极，就好像暂时失去平衡而摔倒。你摔倒了，然后再站起来。有时候，表达消极思想的人与一直消极的人是不同的。

一天，我给我的朋友精神科护士琼安打电话。我们已经一年多没联系了。当听出是我打来的电话时，她说："哦，阿尔！今天你太应该给我打电话了！我觉得很难受！昨天我的母亲请几个朋友到我家来吃早餐，用煎锅煎了一些香肠。他们谁也没注意关火，就直接进书房聊天了。结果，煎锅着火了，又把厨房里的橱柜烧着了。现在我必须重新装修厨房……昨天我接到女儿学校打来的电话，她惹了一些麻烦，我去学校见了她的辅导员，这让我非常郁闷……昨天我在会上说了一些非常愚蠢的话，我觉得太尴尬了……今天早上我打算把一个旧书柜粉刷一下，结果我撞到油漆，油漆溅到我身上了……"

琼安停顿了一会儿，继续说："阿尔，我还挺享受这种感觉。很多人不知道怎样享受抑郁的感觉。"

我笑了。她是我认识的最优秀的精神科护士。她果敢坚毅，具有协同性，懂得表达和消解痛苦，从而享受"美好的"痛苦时光。

琼安继续说："我要让自己直到下午 4 点之前都享受这种感觉。然后，我会整理好情绪，去参加晚宴。"

琼安知道，偶尔产生消极感受并不会让自己成为消极的人。恰恰相反，这是心理健康状态良好的标志。要求自己只表达积极情感的人才是脆弱的人。他们需要一个保护性的环境，因为他们无法很好地处理压力或冲突。

在紧张状态下奋发向上

当你止步不前时，你的痛苦与日俱增。当你能从容应对困难，将不幸转化为幸运时，你便能“撒种成花”，日益幸福。

如果你希望能更好地应对生活中的不幸事件，你可以按照以下办法来舒缓紧张情绪，避免感到无助和无望，并保持和增强活力。这个办法包括两个部分。

第一部分

1. 你可以将让自己觉得烦恼和忧心的事物都列出来，形成消极体验清单。你可以问问自己：是什么让我感到心烦意乱？是什么让我感到不快乐？是什么让我感到有压力？不要着急，慢慢来，请好好考虑一下。

2. 片刻之后，你可以逐项查看消极体验清单的内容，问自己以下问题。

- 如果我不那么在意该事物，那么我会怎么样？如果我避免接触该事物，那么我会怎么样？
- 我能为此做些什么？我该怎样做才能改变困扰我的

事情?

- 我能让该事物消失吗?我能把它从我的生活中抹除吗?
- 当我无法避免它,无法改变它,无法让它消失时,如果我改变了自己,那么我能改变现状吗?当我下定决心不让它再打扰我时,会发生什么?
- 我能从中学到什么?发生这样的事情会有什么好处?

3. 你可以在清单中选择一两项事物,并制订相应的行动计划来做出一些改变。

第二部分

1. 你可以将能让自己焕发活力的事物都列出来,形成积极体验清单。该清单包括能让你奋发向上的、充满乐趣的事物。你可以问自己以下问题。

- 我做什么事情会感到快乐呢?我会对什么事情满怀热情?
- 什么事情是我想做但一直推迟没有做的?
- 我希望与谁分享美好的体验?
- 我忽略了生活中哪些积极的方面?

2. 你可以思考"如何使积极体验重复出现""如何获得更多的积极体验""如何获得新的积极体验"等问题。

3. 制订行动计划来获得更多积极的、振奋人心的体验。

制订个性化的计划有助于减少消极体验、增加积极体验，从而使你避免感到无助和无望，并引导你不断地学习使生活变得更美好的新方法。

请记住，时间在这个问题上发挥了一定的作用。你现在就可以改变一些压力状况，然而对于另外一些压力状况，你可能需要一年甚至更久的时间才能改变。一些活动坚持一段时间后才能带给你愉悦感。从长远来看，这种方法非常实用，它能减轻你身上过重的情绪负担，并让你对未来产生积极预期。

如果你感受到持续的压力，并且没有采取行动来改善自己的处境，那么可以问问自己："是什么阻止了我更好地改善处境？是什么阻止了我寻找更好的方式去享受生活和工作？如果放任事物保持原有的状态，我可以获得什么益处？我不想放弃什么样的回报？"不采取行动的益处有很多，包括：不需要付出太多精力就能维持现状；不必为改变造成的不良后果承担责任（因为没有实现改变）；因稳定而获得赞许。你可能会因做出改变而过度劳累，继而收获非常多的间接益处。你可能无法想象如果你没有做出改变，那么你的生活会是什么样的。

在《少有人走的路》（*The Road Less Traveled*）一书中，斯科特·派克指出："聪明的人学会了不去害怕，而是迎接困难。"生活这所学校为那些通过学习新技能来应对困难的人提供了很好的学习机会。后续章节将向你展示：如何在令人沮丧或受伤的情境下学习，从而使自己从容应对困难，继而奋发向上。

第 10 章

抗逆力的根源

你的内在自我

大约180名州政府的高级雇员坐在那里，低声交谈着。从许多人的脸上都能看出，他们极度紧张。他们刚刚得知，在未来的几个月里，将有超过4000名州政府雇员被解雇，大多数部门将重组。这些州政府高级雇员中的许多人将被降职为最低职称的文员，或者被解雇。在数十年的公共服务过程中，他们从未遭遇过这种毁灭性打击。

“因为并非自己的错误而失去工作”会让人非常痛苦。当你的工作单位进行大规模裁员时，你之前出色的绩效也就不重要了，你大概率会失业。

面对失业，人们有着不同的反应。少数人对此反应灵活，能够很好地应对。他们迅速调整自己，去适应新的情况，并着手处理相应的问题。对另外一些人来说，这种情况是非常糟糕的，他们的情绪会受到相当大的冲击。还有一些人则会觉得自己是受害者，因为失业而去指责管理层、政客、国外的竞争者乃至任何人。

针对数千名被解雇人员的调查显示，在因工作单位预算削减、规模缩减、部门重组而导致的裁员中，因此失业的中层男性管理者在情绪上受影响最大。尽管他们可以得到再就业辅导，但许多人仍会因失业而感到非常痛苦。

失业危机揭示了许多男性管理者内心的弱点。他们的认同感和价值感并非基于对内在自我的认识，而是基于外部的肯定。他们认为，要证明自己是个男人，靠的是职位头衔、办公地点、预算金额、手下员工人数以及收入水平。

那些正在修读大学课程为新职业做准备的男士说，他们经常会感到情绪低落。那些失业后只能靠救济金和妻子养活的男士也常常感到沮丧。失业带给他们的不仅有失业危机，还有身份认同危机。

下文会介绍一些指导原则，来帮助人们克服内心的无力感，促使其有效地解决问题。我们会分析人类抗逆力的根源。危机关系到你的“生死存亡”，迫使你开发自己的内部资源。虽然你在经历糟糕变故（失业、离婚、破产或致残性伤害等）后，可以获得很多外部资源，但如果你不能利用好自己的内部资源，那么你将无法有效地使用这些外部资源。

在逆境中奋发向上：培养更强大的内在自我

我们的身体有三个主要的神经系统：自主神经系统、躯体神经系统、中枢神经系统。自主神经系统控制着我们的感觉状态。躯体神经系统控制着我们的身体动作。中枢神经系统包含大脑皮层，发挥言语功能、非语言功能、视觉思维功能、概念性思维功能。

在成长过程中，我们发展出了与三大神经系统相关的自我感觉。我们丰富了对自己的情感，期待自己有能力采取有效的行动，并完善了对自己的想法。这些人类自我的内部体验被归为自尊、自信、自我观念。当你具有较高的自尊水平，足够自信，并且拥有积极的自我观念时，你就能很好地应对生活中的逆境。如果你的内部资源不够强大，那么你往往会遭受很多痛苦，并且应对效果也不那么好。了解这些系统如何运作以及它们如何对你产生影响，对于发展你的内部资源至关重要。

自尊

自尊关涉你对自己的情感评价，是你对自己的感觉。一次降职、失业或离婚可能会揭示出，你是如何从原有的职位、薪资水平或社会角色中获得自尊的。然而，这些外部参照点不是每个人自尊的真正来源。低自尊的人往往夸大或坚持外部证据的重要性，以掩盖本身低自尊的事实。生活中的一次变化能让你获得的情感收益是，当那些能证明你特别之处的外部证据丧失时，积极的自我关注对于应对这样的丧失十分必要。

具有强大自尊的人不容易受到他人负面意见的影响。对他们来说，自尊就好像一张包裹在身上的厚厚的能量毯，使他们对伤害性的批评淡然处之，并接受称赞。

高自尊的人既不会夸大自己的成就，也不会看低自己的成就。他们拥有某种坚持或稳定性，他们的思想核心不受他人意见的影响。虽然有时候你可能也会产生这样的感觉，但在其他时候内心又可能感到脆弱。好消息是，你可以在应对挑战的过程中提高自尊水平。你越是频繁地欣赏自己，不管身边发生什么样的事情，你深层的自我感觉就越好。

自信

自信关涉你期望自己在某项新的活动中能够做得有多好。自信是一个行动预测器。一般来说，自信源自人们可靠的能力和优势。缺乏自信的人觉得自己不可靠，会避免有风险的尝试。当他们被迫进入某种情境，需要从事不熟悉的工作或在未知领域中自行探索时，往往会非常焦虑和痛苦。

足够自信的人知道，他们可以依靠自己、相信自己，自己甚至比其他人都可靠。足够自信的人具有令人钦佩的自力更生精神。这样的人期待去战胜逆境以及在新的活动中取得成功。

自我观念

自我观念关涉你对“自己是谁”“自己是怎样的人”的看法。你可能会根据你的职业或所属组织来认知自我。很多失业的汽车工人和建筑工人正在为开启新的职业生涯而艰难地重新接受培训，因为他们的自我认知是以自己的工作为基础的。

有些人不遗余力地维护自我观念。他们对积极自我的需求是如此强烈，以至于会对自己取得的成就和获得的收入撒谎。有些人在遭到他人对质时，会否认自己有过不道德或有违伦理的行为，因为他们无法面对真实的自己。有些人试图通过时尚的服饰、高级的头衔、丰厚的收入、厉害的朋友、优秀的孩子以及其他证明自己成功的外部证据来弥补自我不足。这就是为什么当他们失去那些外部证据时会如此沮丧。

为什么强大的内在自我如此重要

人们需要用内部力量来应对失业问题，这种力量源自积极健康的内在自我。当一个人具有较高的自尊水平，足够自信，并且拥有积极的自我观念时，他对求职失败不会那么耿耿于怀，并能积极地准备下一次面试。寻求好职位的人需要向未来的雇主证明，自己能够在压力情境中保持良好状态，快速掌握和理解雇主的需求，并能准确自信地陈述自己为什么能够胜任该职位。

对于刚刚结束一段感情的人来说，如果内在自我比较强大，那么他们将能更顺利地熬过这次遭受的情感打击。有些人可能一直依赖另一半去弥补他们自我认知的缺陷，而这个问题可能导致了他们的分手。

遭受过虐待的女性和男性经常发现，他们的情绪很难恢复到正常状态。然而，他们在参与幸存者团体之后，更容易稳定情绪。在幸存者团体中，每个参与者都被鼓励去培养积极的自尊意识，重建自我，建立自信。身体有缺陷的人、处于劣势的人、被流言中伤的人，需要在他们已有的自我认知和他人的敌对话语之间形成强大的内在缓冲。

几乎每一天，我们都能在一些年轻名人身上看到缺乏强大自我的表现，尤其是那些在聚光灯下成长起来的名人，他们不断受到八卦小报的谣言中伤。为了寻求认可，他们倾向于在媒体面前袒露心声，而有时这会让事情变得更加糟糕。另外一些名人则不然，他们已经形成了强烈的自我意识，认为自己没有必要向全世界高声宣布："八卦小报的报道是错误的！"

任何一个在公众面前工作的人都需要强大的内在自我，因为大部分公众对于他们应该做什么都存在先入为主的观念。如果公职人员、编辑和学校管理者处理问题的方式与多数人的固有观念相悖，那么他们会定期收到投诉信件和电话。

内在自我决定人生如何前行

当一个人具有较高的自尊水平，足够自信，并且拥有积极的自我观念时，他会做到以下几点。

- 从失业、离婚、毁容或失去所爱之人等重大变故中恢复过来。
- 设定具有挑战性的目标，想象自己已经成功，并设想如何适应成功后的改变。
- 认为"得到赞美、认可以及收获友谊"是合情合理的。
- 从错误和失败中学习。
- 不会因为恐惧或担心别人不喜欢自己，而迫于压力去做自己不想做的事情或者陷入不希望发生的情况。
- 不被虚情假意的奉承所操纵。
- 拒绝不当的批评，不把它放在心上。

- 承认错误，并为自己的错误向他人道歉。
- 应对新的、意外的发展趋势，相信自己能解决问题。
- 形成个体独特的身份认同。

自我优势测评

一个人可能在某个自我维度上比较强大，而在另一个自我维度上表现得比较弱。要确定自己在各个方面分别有多强大，请问一问自己以下问题。

- 我不太愿意自我表扬吗？我是否避免产生自我欣赏的想法和感受？如果我对自己有好的想法，我会害怕发生什么事情？
- 当有人称赞我时，我该如何反应？我是优雅地接受，还是马上否认？
- 我喜欢自己的穿着打扮吗？我的驾车技术如何？我的卧室条件如何？我的住所选择是否表明我自认是一个特别的人？
- 面对某个艰难的挑战时，我是否知道依靠自己就可以处理好？我会因需要自己独当一面而高兴吗？
- 我会进行什么样的自我对话？我会诋毁自己吗？我会责备自己吗？我会辱骂自己吗？我会试图先发制人，还是会先批评自己？我会鼓励自己吗？我会自我激励吗？

- 我会如何形容自己？我的个性是什么样的？我在工作中培养了哪些专业精神？

不管你面对的逆境是否严峻，你战胜逆境的能力都取决于自尊、自信、自我观念。当你具有较低的自尊水平，不够自信，并且拥有消极的自我观念时，你可能无法做出改变。如果你具有较高的自尊水平，足够自信，并且拥有积极的自我观念，那么你便具有丰富宝贵的内部资源。你的内心越强大，在困境中你就越占优势。

如何构建强大的内在自我

培养高自尊

要想培养高自尊，方法之一是将你对自己的看法与他人对你的负面评价或批评意见分隔开。如果你以前没有这样做过，你可能就会觉得自己很难做到这样。事实上，多练习几次就可以了。

你可以花点时间制作一份清单，在清单中列出你认为自己有价值以及对自己感觉良好的所有方面。请留意你的自我对话。你可能需要牢记自己内心深处的对话，并重复诸如“尽管发生了这样的事情，我还是喜欢自己”这样的内容。要让自己成为你的内在意义和价值观的坚定支持者。即便他人不在乎你，你也要尊重自己。请列出你喜欢和欣赏自己的方面。

上述自我欣赏活动可以帮助减轻他人对你的负面影响。如果你被解雇了，熟人和邻居可能希望知道其中的原因。即使你不清楚自己为什么会被解雇，你仍然需要准备好回应他们的话，这几乎就像在网球赛中准备一个出色回击，这样你的生活就不会因为一个突然出现的问题而被扰乱。

如果有人说，公司裁员是为了摆脱一些没用的人，那你就要做好准备，让他知道事情真相是什么。如果你事先已经评估自己值得欣赏的方面，比如你可以娴熟地处理自己的工作，那么你可以说："裁员的原则是看谁资历低，而不是看谁的能力差。"如果你刚刚离婚，那么你需要准备一些简短的答复，以便在有人问你时做出回应。当你将自己值得欣赏的特质列出来时，你可以让自己做出不那么弱势的回应。

在面对他人的消极态度时，你每次都表现出高自尊，这样你会变得比之前坚强一点，并能在起伏的环境中获得内心的解脱。你从别人那里获得的反馈与你支持自己的心理需要之间是有差距的，高自尊能弥补二者间的差距。

构建自信

对遭逢破坏性变故的人来说，他们需要回顾自己过去的成就，并强调自己值得称赞的能力。人们常常忽略这种事情！为了给自己一个正确的视角，你可以制作一份清单，将你曾经做得很好的事情罗列出来。这一活动能让你知道自己所擅长的一系列技能。

在你完成你的优势清单之后，请练习向另一个人谈论你的优势。你可以选择一个好朋友来帮助你完成这项练习。这项练习不仅可以增强你的自信心，而且还可以帮助你克服假意的谦虚表现。你之所以会假意地表示谦虚，是因为你被教导“不要做一个吹牛大王”。

将你曾经做得很好的事情制作一份清单，是能让你看到自己价值所在的一个绝妙方法。通过这种方法，你会增强自信心。

要想做得更好，你可以提醒自己，在过去的时光里，你曾经从糟糕的处境中艰难地挺了过来，克服了困难。之前遭受过裁员的员工都知道，他们可以很好地处理这次的裁员问题。大多数残疾人都知道，尽管未来之路坎坷不平，但不妨碍他们披荆斩棘，高歌向前。

增强自我观念

很多时候，当我们试图思考“我是谁”的问题时，我们会想到有关自己角色的描述，例如“我是某部门的经理”或者“我是莎莉的丈夫”。然而，如果该角色的外部参考框架消失了，会发生什么事情？你现在的身份源自哪里？

为了摆脱用你的各种角色当作身份的来源，请花点时间思考一下：如果你的身份所依靠的外部参考框架消失了，那么你将成为什么人。你可以想象自己是真人秀《幸存者》(*Survivor*)的参与者，你和其他人一起遭遇海难、流落荒岛，每个人的生存都是头等大事。你在其中将扮演什么角色？你还会既有趣又富有同情心吗？你会勇于冒险吗？你是天生的领导者，还是辅助者？脱离你现有的生活，有时可以帮助你认识真实的自己，从而完善你的自我认知。

如果你生活在历史上的其他时代，比如狂野的西部时代或古文明时代，那么你会遇到怎样的情景？你会是一个什么样的人？你可能穿着长袍，或许做着与现在不同的事情，但你的个人属性将和现在是相同的，你依然是你（真正的你）。你的人格特质，比如坚持不懈、反应敏捷、待人温和，或者其他任何你能在自己身上看到的人格特质，都反映了你的真实自我。如果你能想象自己生活在另一个世纪、另一个地点或真人秀节目中，你就可以放心，在另一个工作岗位上或在另一段关系中，你依然是你。

说出 10 个以上“我是……”的语句，汇总成一份清单，这会激发出你对自己的看法，让你更深入地了解自我。

与好朋友或支持小组一起讨论这份清单可能会对你有所帮助。通过人格特质、能力和价值观而不是各种角色来认知自我，虽然并不容易，但我们值得为此付出努力。你的身份越不依赖于职位头衔、社会角色或婚姻状况，当你脱离了这些外部支持时，你应对人生重大变故的内在力量就越强大。当你具有较高的自尊水平，足够自信，并且拥有积极的自我观念时，你就能做到相信自己，喜欢自己，以及能够很好地解决问题。

期待什么

完善你的内在自我可以改变你的感情关系。然而，有些时候，对于其他人来说，他们可能并不容易应对发生在你身上的这种改变。从战区返回家乡的一些已婚士兵发现，他们的妻子坚强而有自信，因为她们被迫独自做决策、安排维修、管理财务以及处理家庭紧急状况。足够自信的人很少会退缩。很多妻子不愿恢复到过去那种依赖性的关系中，因此其中有些人的婚姻无法再继续下去。

当你获得内在力量时，你生活中的一些人可能会因此而放松许多。当你与低自尊、不自信的人一起生活和工作时，通常你们每个人都会花费过多的时间和精力在无意义的事情上。当你的内心变得强大时，你生活中重要的人会更轻松地与你交流，不会消极地应付你，每个人都比之前更加快乐。

矛盾的平衡

当处于强势地位的人违反规则时，生活看起来似乎是不公平的，但是请记住，没有任何规则能限制你挺过困难、解决问题以及奋发向上。生活中优秀的幸存者从自然的规律和力量以及他们矛盾的人格特质中汲取力量。

通过研究，我发现在困难的处境下，具有抗逆力的人拥有以下特质。

- 他们能够平衡高自尊与自我批评之间的关系。
- 他们能够融合自信与自我怀疑。

- 他们既拥有积极的自我观念，又始终悦纳自己的缺点和弱点。

只会自我批评而不会自我欣赏的人很少会取得巨大成功。此外，总是自我欣赏而从不自我批评的人则很少承认自己的错误、缺点和过失。这可能会导致他们错失重要的学习机会。具有抗逆力的人、能够从容应对困境的人拥有相互制约的人格特质。

回顾与前瞻

现在，请花点时间回顾一下培养强大内在自我的方法。请记住，即使采用了上述方法，你也不能瞬间建立起强大的自我。情绪方面的工作并不容易做好。这可能是一个艰苦而漫长的改变过程，你的问题可能会再次出现。然而，付出将会带来有价值的回报。强大的内在自我能帮助你挺过危机，克服各种各样的困难。在后续章节中，你将看到，被迫去处理疾病、危机、灾难，可能会让一个人发现自己忽略的优势。

第 11 章

自我管理式治疗

可怕的话

当乔伊丝准备上床睡觉时，她注意到自己的左臂内侧长了一个脓疱。然而，她太累了，顾不上为此担心。乔伊丝刚刚经历过一场离婚大战，她为获得两个孩子的监护权而殚精竭虑。她在一家银行的分行从事管理工作，每天都要工作很长时间。在家里，她常常要在孩子上床睡觉后再做家务，很晚才能睡觉。晚上睡觉的时候，持续的咳嗽让她无法安心入睡。“我 30 岁，身体一向健康，”乔伊丝说，“我以为我只是需要多吃一些维生素。”

到了早上，乔伊丝在手臂上发现了两个脓疱。到中午的时候，她的手臂和脖子上出现了更多的脓疱，所以她去了一家诊所，诊所医生让她去医院接受更多的检查。

第二天，乔伊丝去医院拿检查报告。当看到医生严肃的表情时，她的心脏跳动得非常剧烈，她确信能听到自己心跳的声音。“很遗憾，你得了白血病，也就是血癌。你的病情已经发展到了晚期，我们没有什么办法能治好你。你还有大约 6 个月的生命，如果你接受放射治疗和化疗，最多还能有一年的时间。你应该马上把你的事情安排妥当。”医生说。

每年都有成千上万的患者听到医生向自己宣判死刑，每年都有成千上万的人死于癌症、艾滋病等疾病。事实上，虽然有些人被诊断为绝症，但他们没有死。有些人活了很多年，有些人完全康复了。乔伊丝就是其中之一。她恢复了健康，30 多年过去了，她的孩子已经长大成人，她还继续从事银行业的工作。

为什么有些绝症患者还活着

伯尼·西格尔说，当他刚进入医疗行业时，他和其他医生长久以来所做的一样，即告诉患者他们身患绝症。然而，在一个偶然的情况下，他见到了多年前他曾接诊过的绝症患者。这个人已经完全康复，身体健康。他对这个人病情的预判是错误的。

西格尔好奇道：“为什么我们这些医生总是研究死去的人，想发现他们的死因？为什么我们不研究那些身患绝症却还活着的人？”

西格尔开始寻找这些问题的答案。他对一些医生认为身患绝症却还活着的患者进行了追踪研究。西格尔访问了这些患者，并从他们身上了解到了一些东西。

西格尔对这些绝症幸存者的认识与我自己的研究结果非常相似。他发现，在重大生命威胁面前，人们在反应方式上的差异将影响他们能否康复。问题在于：为什么有些人从严重的、看似无法治愈的绝症中恢复过来？这些绝症幸存者做了什么，使得自己活了下来？

有用信息为什么如此匮乏

我们并不容易得到这些生存问题的答案。医学界很少关注为什么有些患者会在被医生“宣判死刑”后还能康复，甚至回避这个问题。西格尔毕业于一所非常优秀的医学院，并在一家广为认可的医院工作。可是，当他对身患绝症却还活着的患者产生好奇时，他发现，自己不得不去开展原创性研究。

有些时候，在无法确定明显原因的情况下，一个人的病症就消失了。医生用一个术语“自发性缓解”（spontaneous remission）来描述这种现象。医生往往无法告诉你，为什么有些人能在身患绝症的情况下康复。

医学界之所以对自发性缓解不甚了解，并不是因为关于它的信息不存在。30多年前，精神科医生艾勒布洛克曾打算在医学期刊上发表《如何让自己远离癌症，或者说，如果你患上了癌症，如何让自己康复》（“How to Keep Yourself from Getting Cancer, Or, If You Have It, How to Contribute to Your Own Recovery”）的论文，但他把这篇论文投出去7年也没能发表成功。后来他重写了论文，标题也改为《语言、思想与疾病》（“Language, Thought, and Disease”），这才发表到不出名的《共同进化季刊》(*The Co-Evolution Quarterly*) 上。

思维科学研究院[㊀]的研究人员卡莱尔·赫什伯格和马克·巴拉施虽然组建了世界上最大的自发性缓解数据库，但他们花了多年的时间才找到一家出版社，愿意出版他们的书《卓越的康复》(*Remarkable Recovery*)。

第一个挑战

在这里，我们的目的并不是探讨为什么医学界没有对癌症及其他疾病的自发性缓解展开研究。我们的目的是请你注意，要想找到有用的信息，必须完成第一个挑战，即认识到：对于身患绝症的患者，医生认为他们是难以痊愈的，这是其专业上的盲点。

当被医生“宣判死刑”后，希望活下去的患者必须采取适合自己的生存策略。要想摆脱医生的悲观主义，最好的方法就是去访问那些幸存者。你可以阅读幸存者所写的内心故事，其中包括他们感受到了什么、思考了什么以及选择做了什么。

第二个挑战

要想充分地认识需要做些什么才能从重大疾病或伤害中恢

㊀ 思维科学研究院的网址是 www.Noetic.ORG。

复过来，我们面临的第二个挑战是：每个人成为幸存者的方式都是独一无二的，因此我们无法把一个人的做法直接照搬到另一个人身上。在这个问题上，我们没有统一的规则、流程、方式。虽然一个人所说的对自己有用的方法不一定适合你，但也许你会因此得到启发，努力寻找并尝试适合你的办法。

芭芭拉·布鲁斯特之所以能在患上多发性硬化症后康复，是因为她结束了不满意的婚姻，放弃了自己开办的小公司，以及对食物过敏进行了治疗等。芭芭拉说："为了摆脱旧的习惯，建立更加健康的行为模式，我重新梳理了自身信念，转向自己的内心，建立信任感，并屈从于更高层次的内在力量。"她在《通向整体性的旅程》（*Journey to Wholeness*）中说："我不知道如何做到这一点，我也不知道这个过程会把我带到哪里去。"

芭芭拉的康复方式无法被其他人成功复制，因为她的生活环境、思维方式、所患疾病以及她的康复过程是独一无二的。其他人也必须找到适合自己的独一无二的方式。

警钟

西格尔说过，大多数身患绝症却还活着的患者对于自己患病的反应，就好像人们对于酒店电话叫醒服务（警钟）的反应。那些患者在如何生活、谈话、思考、感受、饮食和消磨时间方面做出了重大改变。脱口秀节目主持人拉里·金心脏病发作之后不久，在美国《大观》（*Parade*）杂志上发表了一篇文章，他在其中写道："直到我心脏病发作之前……我真的以为自己是不会死的。我差点儿就没命了，对我来说，这是一个残酷的警钟……心脏病发作改变了一切。我转向自己内心，长时间地、努力地思考生命对我意味着什么。"

对于那些改变了自己的生活、饮食、思考和感受方式的人，他们的疾病有时会自然消退，这似乎看起来不可思议。1975 年，澳大利亚兽医伊恩·高勒正在接受训练，准备参加十项全能比赛，就在那时，他的右腿肿胀了起来。由于肿胀一直没有消退，高勒去咨询了医生。医生发现，高勒患有致命的骨癌，不得不为他做了截肢手术。可是医学治疗没能阻止病情的发展，癌细胞遍布了高勒全身。1976 年，医生告诉高勒，他还有 3～6 个月的生命。

高勒在《心灵的平静》(*Peace of Mind*) 一书中回顾了自己的经历，他寻找并开始练习"一系列刺激免疫系统的事"。他每天冥想长达 5 个小时。他去找治疗师，开始采用加强版的饮食方案。15 个月后，高勒的癌细胞完全消失了——全面的医学检查也证实了这一点。

遵循自然法则的身体

当那些距离死亡一步之遥的人意识到，自己的身体无法脱离自然法则的约束时，他们通常就会开始发生改变。拉里·金说："心脏病发作后，我先想到的是，必须改变我的生活方式。"

拉里·金指出，“为恢复健康，你应该改变自己的生活方式：如果你吸烟，你就应该戒烟；如果你总是窝在沙发上看电视，你就应该开始锻炼身体；如果你非常喜欢吃牛排，你就可以换成吃鱼”。拉里·金不再做那些容易引发疾病的事情，而是开始做那些能改善身体状况的事情。霍华德·S. 弗里德曼在《自我治愈人格》（*The Self-Healing Personality*）中指出，你不能只了解自我管理式治疗，你更要了解人类存在哪些致病行为。

自我致病式的行动

如果你想故意患上严重或致命的疾病，那么你会怎么做？

对于这个挑衅性问题的回答，可以让你了解到，什么行为容易使人患上疾病，而什么行为有利于人的生存和发展。

工作坊参与者常在自我致病清单上，列出如下行为，表明一个人做出什么行为容易使自己患上威胁生命的疾病。

- 过着快节奏的、忙碌的生活；得不到充分的休息；熬夜早起；用咖啡因维持精力。
- 常吃含有高脂肪和高盐分的食物；常喝含糖量高的饮料；很少吃新鲜果蔬和全谷类食物。
- 经常吸烟和饮酒；使用镇静剂和兴奋剂来控制情绪。
- 与许多性伙伴发生不安全的性行为；与他人一起注射药物，所有人都使用同一个针头。

- 对他人感到愤怒，却隐藏自己的感受；总是发愁并假装快乐。
- 深陷债务危机；不支付账单，每当电话响起或有人敲门时就会觉得害怕。
- 虽然不喜欢自己的生活和人际关系，但不做任何改变；因为自己不快乐而去责备他人；感到无助和无望，有无法自拔的感觉；指望彩票中奖来克服困难。

这份自我致病清单表明，很多人似乎希望自己患上严重的疾病才做出这类致病行为。如果他们是故意这么做的，那么他们很容易会患病。

过度吸烟、进食、饮酒以及过着忙碌烦躁的生活，是否可能是一种缓慢的自杀？事实的确如此。然而，人们之所以持续做着自我致病的行为，抗拒改变，是因为人们没有获得如何长寿、健康生活的全面信息。

千百年来，“人生苦短，及时行乐”被视为一种生活哲学而被奉行。研究发现，人类本身具有可以健康地活过 100 年的身体。

要想长寿，我们就必须改善个人期待。家族史、图书和戏剧中的情节、电视节目都表明，大部分人在六七十岁的时候会死于老年疾病，还有的人甚至死得更早。这些印象影响了我们的个人期待。然后，“期待”自行成为“现实”。你相信有些事情终归要发生，因此你就会以能让这些事情发生的方式去生活和行动。请你思考以下问题。

- 你期望自己能活到多少岁？你的家庭成员认为大部分家人能活到多少岁？
- 你想活到 100 岁甚至更加长吗？假设你把自己想象成百岁老人，脑海中会浮现什么样的画面？你能想象自己 100 岁时过着活跃、健康、快乐的生活吗？
- 对于那些试图让你改变吸烟、饮酒、饮食或超时工作等生活习惯的人，你是否会消极应对？你是否向他们证明你无法改变？你若因无法改变而逝世，值得吗？

从感受和思考层面改变内心

不久前，我的一个老熟人因子宫癌去世了。她是一个笑容满面、充满爱心的新时代形而上学咨询师，为了治疗自己的疾病，她尝试了所有已知的治疗癌症的方法，既有传统治疗也有非传统治疗，最终没能取得积极的疗效。我怀疑，她的子宫癌可能与童年受继父性骚扰却隐而不发有关。她并不认同我的观点，她觉得应该无条件地爱着所有人，其中也包括她的继父。

人类本性中的某种怪癖是，当人们遇到苦难时，当有人建议他们不要再做那些明显会助长痛苦的事情时，他们往往不接受这些建议。要想从痛苦中恢复过来，人们所面临的挑战通常在于，他们是否愿意去尝试那些与自己长久以来的习惯做法相反的行为。

对受制于“好孩子”模式的人来说，他们内心的改变可能是，不要再做那么好的人，要开始表现出自己的愤怒。汉斯·艾森克在《健康的角色》(“Health’s Character”)一文中指出，压抑愤怒情绪的人更容易患上癌症，而经常对他人发火的人则更容易患上心脏病。对一些人来说，内心的改变是不要再那么忍耐和宽容，要学会表达自己的愤怒情绪。对另一些人来说，内心的改变是要变得忍耐和宽容，学习如何改掉发火的习惯。

我们之所以要做出与习惯做法相反的行为，是因为我们要建立内在的情绪平衡。每当你产生某种感受，你的体内就会产生相应的神经化学活动。情感和思想中的这些不平衡的习惯，会在生理系统中引起相应的不平衡，从而使身体容易患上疾病。

很多人错误地认为，自我与思想和习惯同在。他们认为，如果放弃了一些在童年时期学到的心理和情感习惯，自己就不再是自己了。例如，对受制于“好孩子”模式的人来说，学习恰当地爱自己是一件困难的事，而几乎所有从事治疗性工作的人都在强调，爱自己对于那些有严重问题或疾病的人来说是非常重要的。

当你放弃旧有的、耗费精力的习惯时，要想克服对别人不爱你的担忧，爱自己是至关重要的。对自己的爱必须足够强大，足以支持你相信自己值得拥有更加快乐、更加健康的生活。以对自己的爱为动力，你可以为获得更美好的生活而努力，这能支撑你过上幸福的生活。

艾德·罗伯茨一生中的大部分时间都无法离开负压氧气呼吸器。在呼吁加利福尼亚州为残障人士创建独立生活中心的过程中，他发挥了重要的作用。在《大脑有一张嘴》（*This Brain Has a Mouth*）的节目中，罗伯茨回忆了他的经历。在20世纪60年代，他是一名加利福尼亚大学伯克利分校的学生。他说，参与创建校园里第一个独立生活中心的人是“一大群身患疾病的人，比如患有多发性硬化症、肌肉萎缩症甚至致命残疾的人。通过独立生活，他们活得更长久了——不是一两年，而是15年、20年”。

后来被任命为加利福尼亚州康复部主任的罗伯茨在接受采访时表示：“一路前行、充满活力的人不容易生病。”

有些时候，那些有助于康复的内心转变，可能会使人变得不再那么专注于帮助他人。39岁的安妮·塞茨，婚姻幸福，有四个儿子，她去医生那里接受常规体检，而医生要求她再去一次，额外做一些检查。安妮虽然觉得有些反常，但她认为医生只不过是让她把检查做得全面一些。

安妮去医生的办公室看检查结果。当她看到医生脸上严峻的表情时，开始变得焦虑不安。安妮告诉我：“当医生说我患有卵巢癌时，我不得不抓住椅子的扶手，努力挺直身子，防止自己晕过去。医生说，手术和其他治疗方案都帮不了我，我最多还能再活一年。他告诉我，要趁早安排后事了。”

安妮来到停车场，走到自己车子旁的那一刻，瞬间崩溃了，她抽泣了起来。她爱她的丈夫，爱她的儿子，不想离开他们。过了一会儿，她直起身子，深深吸了一口气。安妮对自己说："如果我不得不英年早逝，那么我就要在还活着的时候享受剩下的日子！"在回家的路上，她去了菜市场，买了新鲜的龙虾作为晚餐，并给家人做了他们最喜欢的甜点。

几天过后，安妮内心坚定道："如果我只能再和家人一起度过一年的时间，那么这将是我们生命中最美好的一年"。她不再参加多余的聚会，全身心地陪伴丈夫和儿子。那是在 1971 年。几十年过去了，安妮告诉我，她正在享受和三个孙子在一起的美妙时光，并且她的生活"在很大程度上随着年龄的增长而持续改善"。

安妮全身心地投入家庭生活，目的是与家人度过美好的时光，而不是摆脱癌症。然而，每天与家人度过美好的时光，让她意外恢复了健康。

对安妮来说，摆脱癌症并不是她的目标。她的康复源自生活中的积极改变。试图让你的身体不生病，这是一个消极的目标。试图戒烟或不生病等消极目标都是难以实现的。积极目标是学会去做有益于健康和幸福的事情。

自我管理式治疗

尽管"自我治疗"（self-healing）比"自我管理式治疗"（self-managed healing）更常见，但事实上，相比于"自我治疗”(自己给自己治病)，人们更容易做到“自我管理式治疗”(进行有助于康复的改变)。安妮并没有打算治疗自己。她的做法是以某种方式改变了自己的生活，而这种改变让她的癌症康复了。自我管理式治疗在于决心过更优质的生活，为此做出改变。无论有意为之还是无心插柳，无论是源于内心的想法还是外在的生活方式，通过自我管理式治疗，人们能够改善生活状况和身体状况。

改变可能变得大胆

乔伊丝告诉我，当她得知自己身上的脓疱是白血病的症状后，去医院接受了化疗。她在医院里待了 33 天，休息一周后，再回到医院去做化疗。下面是她对那段经历的感受和想法。

我感到既沮丧又愤怒。我是在天主教家庭里长大的。我非常想知道：“我到底做错了什么？上帝为什么要惩罚我？”

只要我想去海边，我的父母就会带我去。虽然我在海边待久了会觉得很累，但我希望和孩子们一起在沙滩上散步。虽然走路很累，但我会强迫自己走路。有时候我会坐在那里，看着海浪。我会哭，哭到眼泪流干。当我回到家时，我会睡上几个小时。我的父亲一直对我说，不要让自己太累。

几个星期之后，我就意识到了医生和我的父母是如何限制、约束我的。医生告诉我，我快死了！我的父母告诉我，他们会抚养我的孩子。在我的成长过程中，我被教导说要听父亲的话，他对我很严格。医生见过好几百名患者，他们是专家。尽管他们已经这样做了好几百次，但对我来说这是第一次。他们对我说话的方式就好像我只是一个统计数据。患有白血病的是我！我不喜欢他们和我说话的方式。我不是统计数据，我就是我！

我一直在想，自己只剩下一年或者更短的寿命了。我知道这是医生坚信的结果。医生在“限制”我的寿命。我决定要自己表明立场，立足当下。我决定要由自己来说了算。我决定要自己来处理生病的问题。虽然这是一个很艰难的决定，但我打算就这么办。我不一定非要让医生和父母来限制我能活多久。

只要能去海边我就去。我真的让自己很情绪化。我感觉自己就像太极柔力球。我一次又一次地告诉自己，我不想死，不想让别人去抚养我的孩子，我想自己把他们养大成人。我推翻了他们加在我身上的限制，将所有东西都从里到外翻了出来，上下颠倒、前后翻转、翻来覆去。我把自己推向极限，以获得对自己情绪和生活的控制。

我哭过，当我再也哭不出来的时候，我会在沙地上滚来滚去。在周围人看来，我一定很疯狂。我身高约160厘米，体重只有约30千克。我的衣服像袍子一样挂在身上。我所有的头发都掉光了。别人看不出我是男是女。我的头上要么围着围巾，要么戴着帽子。当风吹过来的时候，几乎可以把我吹走。人们看到一个外表奇怪、骨瘦如柴的人坐在海边又哭又笑。我没有设定任何目标，只是过一天算一天。

后来，在一个春日里，那时距离我第一次住院过去了八九个月，做完化疗后，我的父亲带我回家。那是一个阳光灿烂的日子，鲜花盛开着。我突然意识到，我的白血病被控制住了。白血病没有控制我！我意识到，我控制了它！

我一天又一天、一周又一周地坚持着，直到一年过去了。夏天快结束的时候，我还活着，身体变得比之前好了。化疗让我心烦意乱。我不喜欢做化疗。化疗让我吃不下东西。我即使吃了东西，也会吐出来。然而，我知道我必须接受化疗，而且也习惯了。我的医生很惊讶。他挠了挠头。他无法解释为什么我还活着，但他对我说："加油吧！"

我做了两年化疗才彻底停止。肿瘤科医生告诉我，白血病会最多缓解三年，然后还会复发。我告诉医生说，不要用三年的说法来限制我。我让医生和家人再也不要那样跟我说话了。

幸存者不是"好"患者

伯尼·西格尔发现，从晚期癌症中康复的患者，往往被医护人员描述为"不好打交道的患者"。他说，当他翻阅患者的过往病例时，喜欢了解患者是怎么不好打交道的，例如患者会"问医生为什么要做这些检查""要求医生把检测结果告诉自己""坚持让医生解释为什么要这么治疗"。

这些不好打交道的患者会问医生，为什么没有使用其他治疗方法，或者可能坚持要求医生尝试不同的治疗方法。他们是表明自己态度的患者。他们的态度是，要掌控自己，而不要被医生掌控。这种态度可不是许多医生都应付得了的。

谁说你做不到

我从摩西·费登奎斯的医生那里得知，由于长年踢足球和参加武术比赛，摩西的膝盖受到了严重损伤。医生告诉他，通过手术挽救小腿的概率大约是 50%。他不喜欢做没有把握的事。作为一名物理学家，摩西认为，人体是可以自我治疗和自我修复的，因此他推断，他可以帮助自己的膝盖做到这一点。为了了解腿部和臀部每一块肌肉的精确结构和功能，摩西阅读了解剖学和生理学方面的图书。然后，他创造并实践了一系列微小的、无痛的、可经常重复的动作，目的在于重新建立神经肌肉的连接和模式。摩西成功了，他还开始教别人如何来使用这种方法。很多人发现，将摩西的方法与普拉提相结合，对缓解疼痛尤为有效。

主动改善优于被动治疗

大部分人都听说过，在《星期六评论》（*Saturday Review*）工作多年的诺曼·卡森斯会利用笑声帮助自己从绝症中恢复健康。当我问人们从他的故事中学到了什么时，人们通常会说："笑对我们有好处。"然而，对我来说，我学到的很重要的一点就是，当医生告诉卡森斯他已命不久矣时，他没有放弃自己。

在 1964 年 8 月，卡森斯的病情已经很严重了，要费很大的力气才能活动。他接受了全面的医学检查。他在《疾病解剖学》(*Anatomy of an Illness*) 一书中写道：

医生认为，我患有严重的胶原蛋白病，这是一种结缔组织疾病……胶原蛋白是将细胞结合在一起的纤维物质。从某种意义上说，我的身体正在变得紊乱。我想活动四肢甚至在床上翻身的时候，都会遇到相当大的困难。我的身体有结节，我的皮肤下面有结石状的物质，这是一种全身性疾病。在我的病最糟糕的时候，我的下巴几乎都动不了。

卡森斯体内的疼痛非常严重，以至于他无法安睡。专家对他的病情进行了会诊，发现他的脊椎中的结缔组织开始瓦解。卡森斯问医生，他完全康复的机会有多大。“医生俯下身子，看着我的眼睛，承认一位专家告诉过他，患有胶原蛋白病的人只可能有 2‰的康复机会。那位专家还说，他并没有亲眼看到过像我这样全身发病的患者能康复。”

卡森斯是如何反应的呢？他说：“这让我思考良多。在那之前，我基本让医生来操心我的病情。然而现在，我觉得自己有必要行动起来。在我看来，如果我想成为那个 2‰，我就不能当一个被动的观察者。”

卡森斯开始提问题。他到处寻找有关人们如何从绝症中康复的信息，并由此了解到可以把维生素 C 和大笑作为治疗手段。卡森斯认为，医院不是一个康复的好地方。他办理了出院手续，搬进了一家酒店。在酒店里，他借来了节目《偷拍摄像机》（*Candid Camera*）的录像带，还找来了查理 · 卓别林的老电影。卡森斯发现，经过一个小时发自内心的大笑后，他可以睡着了，得到了自己需要的休息时间。他逐渐恢复了健康，继而将笑声的价值写了下来，并公开宣讲。

医患难题

患者和医生之间的认知差异，是一个不好解决的棘手难题。一些医生的说话方式会使患者望而却步，让他们放弃希望。卡森斯在关于自己病情和康复的文章中说："对于治好我的病，我的医生对此的主要贡献是，他鼓励我相信在整个治疗事业过程中，我是一个有力的配合者。他使我把自己的主观能量完全投入其中。"

当伯尼 · 西格尔宣布要成立一个支持小组，目的是使癌症患者学习如何生活得更好也更长寿时，结果令他非常惊讶。通过书信的方式，他把成立支持小组的想法告诉了 100 位癌症患者，自以为他们会很乐意参加并宣传这件事。他说："我开始幻想会涌入一群来我这里咨询的人，我不由地紧张起来。"

那么，最后来了多少人呢？来了 12 个。

西格尔说，在那时，他开始意识到，绝症患者分三类：第一类患者（15%～20%）希望自己死去，而不管治疗效果多好；第二类患者（60%～70%）充分地配合医生，包括像医生预测的那样走向死亡；第三类患者（15%～20%）是特殊群体，他们拒绝成为癌症受害者，拒绝因医生的话而气馁。西格尔为第三类患者建立了全美特殊癌症患者群体网[1]。然而，大部分医生都不赞同这类患者“不配合”的态度。

控制权在谁手里

若想回答“控制权在谁手里”的问题，我们需要了解医生与患者之间的认知差异。这些差异时而有益，时而令人不安。

如果患者不听从医生的指导，不认为医生做出的预后判断适用于自己，那么很多医生会被这样的患者所激怒。这样的医生通常不愿意去考虑患者或患者家属提供给他们的其他治疗方案。然而，对于另外一些医生来说，如果患者向他们提问题，希望得到关于治疗方案的解释，对治疗方案的变化提出建议，并积极创建康复计划，那么这些医生会为此而感谢患者。

大部分患者都希望医生告诉自己该做什么。他们不寄希望于自行治愈。然而，有些患者对医生的主张表示不满。

一些人认为，自己是受外界力量控制的，他们是命运的“典当品”。另外一些人认为，自己凭借内在力量控制着任何事情——自己的健康或疾病，自己的成功或失败。

[1] 参见 www.ECaP-Online.org。

邦妮·斯特里克兰在美国心理学会的演讲中表示，安慰剂对于具有较高外控取向的人比较有效。当医生告诉某个患者一种药物或治疗方法能起作用时，哪怕它只是一颗糖丸，这个患者的健康状况通常也会有所好转。然而，安慰剂对于具有较高内控取向的人则没有太明显的作用。这样的患者希望获得证据。如果医生只是让他们“吃这个药”，而不去解释“这个药是如何起作用的”“为什么会起作用”“为什么这个药比另一个药的疗效更好”，该药物就不会对他们产生比较好的效果。

事实证明，医生同样的言语和态度，既能对一名患者起到情感支持，又能让另一名患者感到受疏远。

具有家长式风格的医生不适合拥有内控取向的患者（见图 11-1）。面对医生的“我说你做”，拥有内控取向的患者会被激怒。然而，这类医生很适合拥有外控取向的患者，他们需要权威人士来告诉自己该做什么。相比之下，具有参与式风格的医生适合于像卡森斯那样拥有较高内控取向的患者。不过，这类医生可能不适合拥有外控取向的患者。

因为高度外控的患者没有改变自己生活的强烈愿望，所以他们并不希望自己被赋予选择的机会，甚至不会去问医生自己为什么会发病。注册保险康复专家威廉·米格说，高度外控的患者更希望医生直接告诉他们需要服用哪些药物和采取哪种治疗方法。我曾遇到一位女士，她当时正一瘸一拐地过马路。当我问她发生了什么事时，她说，她的腿部和手臂都患上了神经性疾病。在我们谈话期间，我问她是否想通过自我调节来恢复健康。我对她说："我知道一些自我管理式治疗的方法。"

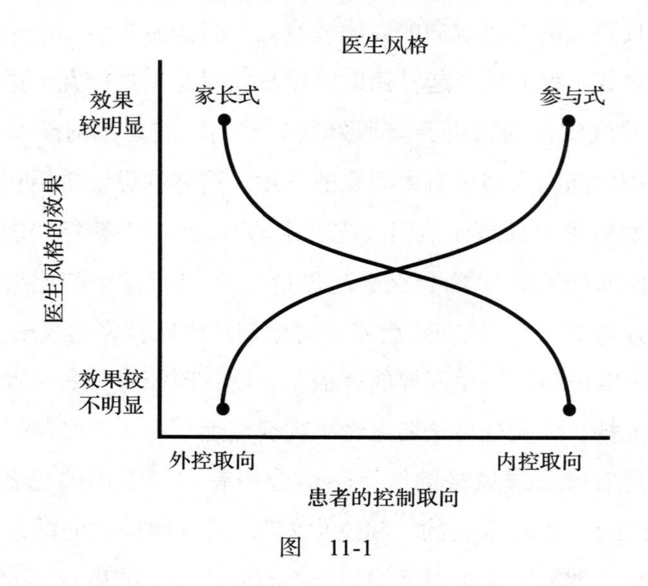

图 11-1

"不用了。虽然很多人都给我提了建议，但我不会听他们的建议。医生会对我的治疗负责。我会照医生的话去做。"她说。

既内控又外控

幸存者具有相互制约的人格特质，既内控又外控。乔伊·布里奇知道，自己的胸部长了一个大肿块，这不太正常。虽然她向上帝祈祷自己的身体是健康的，但胸部的肿块还在不断长大。当她最终同意让丈夫带她去做检查时，医生说肿块已经太大了，她的病情已经到了无法控制的境地。医生告诉她，她只能活一个星期。

“我痛哭了一个星期，”乔伊说，“因为我相信了那位说我只能活一个星期的医生。我甚至安排好了我的葬礼！”乔伊住在医院里，即使她拒绝了化疗和放疗，她也没有像预计中的那样死去。医生告诉她不要四处走动，因为那样会使癌细胞在体内扩散。医生建议她不要说太多话，还告诉她访客会让她心情不好。她说：

我总是觉得，我的生命中还有太多没有完成的事情，我有重要的工作要做。我想养育我的儿子，看着他长大成人。我想继续和我的丈夫一起经营我们的公司。

我就这样在床上躺了 5 个月，没有人待在我身边，我也没有走路，我没有做医生禁止的任何事情。但在那之后，我决定，如果我像身体好的时候那样生活，而不是像生病后这样生活，我可能就会好起来了。然后，我不断告诉自己：“这不应该由医生来决定，应该由我决定。这是我自己认为重要的事！”

这种变化并不是一瞬间完成的。乔伊说：“我必须独自完成每一件事。我相继打破了‘不要大声说话’‘不要让人待在你身边’‘不要走太多路’的禁令。”

一年之后，乔伊回了家。她每天都出去散步，和别人聊天，想聊多久就聊多久，她的肿瘤开始缩小了。作为一个信徒，她会做祷告，请牧师为她阅读经文。几个月过后，肿瘤完全消失了。乔伊说："我的医生很惊讶，他检查了病历，发现他并没有弄错。"

乔伊开始向朋友们讲述自己的故事。她会在商务会议上谈到自己康复的故事。来自全美各地的人会在深夜和清早打电话给她，请求她的帮助，这导致乔伊的睡眠时间不足。然而，她希望能帮助所有联系她的人们。她开始给他们写信，和别人在电话里聊好几个小时。

然后，她的肿瘤复发了。乔伊又去看了医生，医生对她的病情已经束手无策。后来，乔伊的肿瘤再次消失。这一次，乔伊开始对大多数向她寻求帮助的人说"不"。她不再夜间接听电话，而是把时间更多地花在陪伴儿子和丈夫上。大约 5 年后，乔伊的肿瘤再次复发，但这一次即便是做祷告，肿瘤也并未消失。对于自己的病情，乔伊的反应方式是既内控又外控，一方面相信自己，另一方面信任上帝，将控制点从一个外部权威（医生）转移到另一个外部权威（上帝）上。

想象技术

肿瘤学家卡尔·西蒙顿和心理学家斯蒂芬妮·马修斯－西蒙顿共同开发了想象技术，即使是对那些身患绝症的患者，这种技术也取得了令人瞩目的效果。他们在《重获健康》（*Getting Well Again*）中指出，大约 9% 的患者通过想象的过程彻底摆脱了癌症，8% 的患者症状减轻了，11% 的患者病情稳定。总而言之，对于参与他们第一个项目的 159 名患者，其寿命大约是其他患有类似病症患者寿命的两倍。

在 1974 年，约翰·伊文思的背部被诊断患有恶性黑色素瘤，其淋巴结中存在癌细胞。医生告诉约翰，即使进行大范围的手术，他也只有 10% 的概率再活 5 年。

约翰对此的反应是："我不是统计数据。我是一个活生生的、会呼吸的、会思考的、独特的人类有机体。抛开医学上高度抽象的生存概率，我认为，我都有一半的可能性活下去（50% 活，50% 死）。我的选择是'向前看'。"后来，约翰通过电话联系了卡尔·西蒙顿。约翰说，卡尔·西蒙顿鼓励他在遵循医嘱的同时，使用创造性的想象技术作为辅助性医疗手段。

约翰在接受手术的过程中同时使用想象技术，即想象"我的白细胞是巨大的白色猎犬，具有神秘的嗅觉。我的猎犬会在四周嗅到并驱赶可能躲藏起来的癌细胞。癌细胞是小型的、讨人嫌的啮齿动物，它们会受到猎犬的攻击和驱赶。猎犬会抓住它们，并咬断它们的脖子。然后，我就可以想象已经死亡和垂死的癌细胞正在脱离我的身体。"约翰的说法与《人道主义者》（*The Humanist*）期刊上的《想象疗法》（"Imagination Therapy"）一文的内容一致。

对每个人来说，想象出的必须是自己主观上感觉强大而有效的情景。正是出于这个原因，如果要被他人告知如何去想象，效果就可能不会太好。要想让想象技术发挥最佳的效果，每个身患绝症的人都要创建一艘自己认为有效的"癌症驱逐舰"。

改变自我对话

想象技术的实践难点是，大约一半的人无法有意识地想象出心理画面。他们会因无法运用想象技术而感到沮丧。幸运的是，改变你对疾病的看法以及你的自我对话会产生治疗效果。

约翰战胜了癌症，并取得了普通语义学和咨询领域的教育博士学位。目前，他正在教授人们如何以有助于治疗的方式来思考和谈论自己的疾病。约翰提倡人们将自己的经历写出来。他教人们不问“为什么我会得这种病”，而只是陈述“我患有这种病”。约翰说：“一旦来访者不再问‘为什么是我’这样的问题，他们就会走上自助的道路。”

《生命的重建》（*You Can Heal Your Life*）一书的作者露易丝·海发现，问自己以下问题并寻找答案对人们治愈疾病颇为有用。

- 为什么我在这个时候患上这种疾病？
- 我需要原谅谁？
- 我需要被告知的真相是什么？
- 此时我的生活中正在发生什么？
- 我快乐吗？
- 我的身体在诉说着什么？
- 疾病解决了什么问题？

露易丝·海是接受过培训的社会工作者，她教导人们："我们唯一要处理的事情是思想，而思想是可以改变的。"多年前，她为艾滋病患者成立了支持小组，她将这个小组命名为 PLWA，意思是带着艾滋病生活的人（people living with AIDS）。通过与艾滋病幸存者的互动，她了解到，艾滋病幸存者对自己疾病的看法是，人们可以带着艾滋病病毒生活。事实确实如此。在露易丝·海的支持小组中，很多艾滋病患者都已经带病生存了很长时间，而很多艾滋病病毒的携带者从未发展到发病阶段。

尽管有关思想、言语和疾病之间联系的信息直到最近才引起人们的关注，但这些信息已经存在了很多年。很多年前，精神病学家艾勒布洛克在《生物学与医学视角》（*Perspectives in Biology and Medicine*）杂志上发表了《人类行为统一理论假设》（"Hypotheses Toward a Unified Theory of Human Behavior"）一文。他在该文中指出，"某种'疾病'是由一个人有生以来所有特定的心理语言学、行为事件以及人生体验所管理的"。艾勒布洛克认为："声音、行为、言语和思想都属于可以改变的事物。因此，从这个角度来看，根本不存在无法治愈的疾病。"

首先，艾勒布洛克让患者将自己的疾病描述为一种行为。例如，他教患者要说"我出麻疹了"，而不要说"我得了麻疹"。其次，他教导患者接受正在发生的事情，而不要去管事情是什么，就好像事情就应该那样。他强调，任何疾病或病症都是由一个人生活中发生的一切事件造成的。

艾勒布洛克重获健康的方法注重改变人的言语、思想和自我对话，从而产生惊人的积极影响。

过度的自我对话

目前的许多自我治疗课程都强调积极的自我对话和想象，同时没有迹象表明，过度的自我对话和想象可能会造成自我挫败的结果。艾米尔·库埃观察到，不断向自己重复“每一天，我都在以各种方式变得更好”的说法，对人的健康、财务以及人际关系状况能够产生非常积极的影响。库埃开设了一家免费诊所，他已经成功引导成千上万的人重获健康和改善生活。在 20 世纪 20 年代，库埃疗法传到美国，并成为一股潮流。

约翰·达克沃思在《如何有效地使用自动建议》（*How to Use Auto-Suggestion Effectively*）中指出，库埃认为，被动的、随意的自我确认才可以产生最好的效果，而不要想得过多。为什么会这样呢？库埃发现，强烈的、有意识的意愿（意志力）有可能在想象中营造出相反的想法，引起相反的、失败的结果。如果你强力宣称“我会好起来的”，而在你的想象中，可能会有一个微弱的声音在说：“你确定吗？要是你没能好起来，该怎么办？”库埃说：“在意志力和想象力发生冲突的情况下，想象力总是能赢得胜利。”

没有正确的方式，只有最适合你的方式

如果你希望自己的身体好起来，那么与其按别人的建议行事，不如做你自己认为有用的事，这样可能会得到更好的结果。与特定的方法本身相比，你最好去做那些你坚信适合自己的事。

一些身患绝症的人让自己全身心地投入治疗。保罗·皮尔索就是这类人，他写下了《创造奇迹：科学家的死亡与回归之旅》(*Making Miracles: A Scientist's Journey to Death and Back*)，认为要将最好的医疗技术与家人的支持结合起来。

医学界在学习

如果你生病了，要想活下来，那么你需要找到支持你的生存态度的医生。如今，你能找到这类医生的概率比过去要高，因为医学界正在对健康以及恢复健康的机制给予更多的关注。事实上，健康护理专业人员比过去更愿意研究情感、思想与健康之间的关系。人们建立了新的学科“心理神经免疫学”(psychoneuroimmunology，PNI)。

作为加利福尼亚大学洛杉矶分校的医学院教师，诺曼·卡森斯组织了关于 PNI 的学术会议。在《从头开始：希望中的生物学》(*Head First: The Biology of Hope*) 中，在为患者提供情感支持、创造更好的治疗环境方面，他列举了很多医生和医院的

新方法，例如很多医院都设立了“欢笑间”，为患者播放喜剧视频。

聚焦于思想与疾病之间关系的科学研究，使得现代医学注重认识“身心关系”。更多的医生认识到个体的生存态度在治疗疾病方面起到的作用。最近一位女士告诉我，当她被诊断出患有癌症时，她的医生说：“你能否活下去取决于你自己。虽然我可以提供癌症的治疗方法，但治疗是否有效是由你来决定的。”

美国整体治疗医学会[⊖]旨在从整体上治疗患者。在美国整体治疗医学会组织的会议上，人们会探讨如何培养更健康的生活方式。

很多医院建立了专门治疗慢性病患者的护理中心，包括满足患者的心理健康需求，以及为患者的家人和朋友提供参与治疗过程的机会。

现存的一些项目为患者创造了有利于自发性缓解的条件。这些项目经常提倡患者开展大笑、玩杂耍、做游戏、冥想、画画、记日记、锻炼身体等活动。戴尔德丽·布里格姆曾是佛罗里达州某健康恢复项目的创始人和负责人，她告诉我：“这真是不可思议。当你看到一个人走进来的时候，你可能会认为，这个人是‘没有办法’康复的。然而，很多身患绝症的人在参与我们的项目之后，身体状况都变好了，而且实现了自发性缓解。即使是那些没能康复的人，也比之前更健康了，衰竭程度

⊖ 参见 www.HolisticMedicine.org。

不是很严重，最终走得安详。”根据健康恢复项目的实践经验，布里格姆写了《恢复健康的意象》（*Imagery for Getting Well*）一书，对身心策略展开了分析。她发现，身心策略有助于慢性病患者恢复健康。

如果你不喜欢某个医生或治疗师与你谈话的方式，那么你可以要求换另外一名，就像要求更换为你提供付费服务的其他人一样。与帮助你保持良好精神状态、让你感受到爱的人沟通是至关重要的。

来自幸存者的指导和激励

有些幸存者能够战胜极端生理障碍，总能成为人们学习的对象和力量的源泉。海伦·凯勒从两岁开始就失去了听力和视力。通过老师安妮·莎莉文的教导，她不仅学会了盲文和说话，还学会了通过把手指放在别人嘴唇上感受气息的振动来理解对方在说什么。凯勒是一名渴求知识的学生。多年后，她以优异的成绩毕业于拉德克利夫学院。在第二次世界大战期间，凯勒为战争中受伤失明的士兵带去希望和勇气。

多萝西·伍兹·史密斯在小时候得了脊髓灰质炎。多年来她坚持锻炼腿部力量，并且学会了不使用拐杖走路。她在成为一名护士、教育工作者和咨询师之后，身体出现了脊髓灰质炎的后续问题。她的背部肌肉痉挛，后背下部和腿部很疼，不得不通过锻炼来恢复。

现在，多萝西在写关于顽疾康复的文章，而在健康护理专业人员看来，这类顽疾康复的希望非常渺茫。多萝西“组织了一个治疗师社群，以便在常规医学疗法和补充疗法之间搭建桥梁”。她跟有肢体障碍的人说：“不要期待奇迹，不接受虚假安慰，不再让医生、护士和治疗师替我们做选择，而要自己去学习健康护理的知识。”

约翰·卡拉汉从12岁起就成了一名酗酒者，在他21岁生日过后不久，他因一场车祸而瘫痪在床。卡拉汉写下了《别担心，他不会走远的》(***Don't Worry, He Won't Get Far on Foot***)，指出他“是一名C5～C6级的四肢瘫痪者……虽然可以伸出手指，但无法用手握住叉子或笔”。

卡拉汉在瘫痪之后更是嗜酒成性。6年后，卡拉汉意识到自己的问题“不是四肢瘫痪，而是酒精中毒”。随着康复的进行，他重新找回了儿时画卡通画的热情。因为他无法移动全部手指，所以他先用右手抓着笔，然后用左手引导着笔在纸面上移动来画画。

卡拉汉的卡通画现在已经通过多种媒体形式在世界范围内呈现。他出版了几本漫画书。其作品被制作成系列动画片，并衍生出一系列贺卡、日历、马克杯、T恤等周边产品。

自我管理式治疗的意外收获：更强悍的人生态度

虽然自我管理式治疗的最初目标可能是克服疾病或伤害，

但它常会给人带来意外收获。通过自行控制自己的治疗，你的人生态度会表现得比之前更加强悍，你的人生也许会走向新的方向，你也许会有新的目标。生活中优秀的幸存者接受这种变化，并且经常会说，他们在自己的悲剧中找到了天赐良机。然而，在找到天赐良机之前，你必须先从紧急事件中存活下来。

第12章

应对紧急事件与危机

紧急事件会带来震惊和意外，而危机状况会给人带来很大的挑战。通常情况下，你能否从紧急事件中全身而退，可能取决于你能否在还没有完全理解正在发生什么事情之前就采取有效行动。

幸存者如何应对危机

在老挝的一条蜿蜒的乡间公路上，获奖摄影记者艾莉森·莱特乘坐的大巴与一辆卡车相撞，景象惨烈。她发现，自己的身体在大量出血，手臂骨折，无法行动。最为令人担忧的是，肺部和横膈膜受损导致她呼吸困难。艾莉森完全依靠上半身的力量，设法从大巴残骸中爬了出来，并爬到了路边。“在远处，”她说，“我能听到低沉的声音在喊，‘天啊，得有人做点什么！这个女人就要因为失血过多而死掉。’”艾莉森说，她祈祷有人去帮帮“这个女人”，然后很快她就意识到，这些人正在谈论的女人就是她自己。

艾莉森感到疼痛难忍，凭借多年的冥想和瑜伽练习经验，她知道要从自己内部寻找力量。“我相信，内部力量不仅能帮助我生存下来，还能帮助我挺过后续的治疗。”她说。

经过 14 个小时的长途跋涉，中间停留了两次，艾莉森最终被送到了能接受先进治疗的地方。在一个小村庄短暂停留期间，有人缝合了她的手臂。当得知当天晚上直升机无法将她运送出去的时候，艾莉森说，在那一瞬间，她清醒地意识到自己可能会死在那里。在接受这个现实之后，她便放下了所有的恐惧，并向痛苦投降了。她说自己感受到某种平静，疼痛消失了，自己已经“准备好直面死亡”。她说自己有一种濒死体验，这种体验将宇宙间的奥秘以及压倒性的爱意带给了她，而这些都是她之前没有真正注意到的东西。于是，她的内心强大了起来。与此同时，艾莉森继续专注于自己的呼吸。最后，尽管历经艰辛，她还是坚持挺了过来，飞往泰国寻求救治。

在泰国乌隆府的医院里，艾莉森得知，自己的背部、骨盆、肋骨都骨折了，还有严重的内伤。她的心脏肿大，脾脏破裂，横膈膜被刺破，肺部充满了液体。在手术麻醉过程中，艾莉森失去了生命体征，是一位外科医生把她抢救了过来。

在经历这次磨难的整个过程中，艾莉森拥有使思想保持平静的自我控制能力。她的关注点在于，自己一定要活下去。最终她成功了，并且活了下来。在某些时候，她不再关注疼痛，而是想着只要不死在老挝的乡间公路上，做什么都可以，包括允许自己放手和直面死亡。这就要求她能在恶劣的条件下一次次地适应并形成新的生存策略和态度，包括她的生存意愿和放手意愿。

非凡情境下的普通人

人们普遍认为，像艾莉森那样的人是一个非同凡响的人，普通人不会做得像她那么好。然而，和大多数幸存者一样，艾莉森知道自己是一个普通人，是一个被迫去应对极端情境的普通人！

问题在于，是什么使普通人从非同凡响的人生危机中挺过来的？

我认为，对于上面这个问题的答案是：在生存成为第一需求的情况下，幸存者以能提高生存可能性的方式来处理日常生活。艾莉森在《学习呼吸：一个女人的精神与生存之旅》（*Learning to Breathe: One Woman's Journey of Spirit and Survival*）一书中，讲述了她之前的各种经历是如何让她做好充分准备去应对那次车祸的。不过，当我们将她的每一段经历单独拿出来时，发现并没有哪一段经历是非同凡响的。

你对日常事件惯常的反应方式如何，会影响你在紧急状况下成为幸存者的机会。这是一种交互式的幸存者风格，其基础是运用你与生俱来的、可反复使用并发展的潜能，而不一定要按照你被教导的那样去行动。幸存者风格包含以下基本要素。

- 迅速获取有关正在发生的事情的信息。
- 期望可以做点什么来让事情朝好的方向发展。
- 愿意考虑采用任何可能的行动或反应。

具有幸存者人格的人会长期保持好奇心，他们对于某个令人惊讶的事件或出乎意料的趋势的反应是，希望知道到底发生了什么：这是什么？发生了什么事？在正常和反常的情况下，他们都会自动吸纳新信息，对这个世界保持开放性。无论是外出散步，还是应对紧急状况，他们都会对外部环境、事件或发展趋势保持好奇和警觉。

发现你的幸存者风格

本·薛伍德写了《哇！救命书》(*The Survivors Club: The Secrets and Science That Could Save Your Life*)，并和柯特妮·麦卡什兰博士建立了心理测试公司“天才的我”(TalentMine)，共同开发了一个在线评估工具，从而帮助人们发现自己的幸存者风格。

在对幸存者进行多次访谈之后，薛伍德开始相信，提前了解自己的优势和缺势，可以让人们以自己拥有的东西为基础，培养原本还不具备的特质。通过盖洛普民意测验，麦卡什兰确定了以下 5 类幸存者。

- 战斗者：有竞争力，锲而不舍，迎难而上。
- 信仰者：乐观自信，信仰上帝或其他强大的力量。
- 联结者：具有共情能力，善于社交，能够从与他人的关系中汲取力量。
- 思想者：善于分析，有创造力，能够清晰地看待挑战。
- 现实主义者：冷静，信奉实用主义，相时而动。

每类幸存者都具有 12 种人格特质，包括灵活、有韧性、有智慧、跟随内心的指导等。这些是幸存者常见的人格特质，对个体生存的影响很大。虽然薛伍德承认，“将所有幸存者归为 5 类，以及将幸存者人格特质分为 12 种”可能过于简单化，但事实证明，这一分类是非常准确和有用的。薛伍德认为，尽管改变你的幸存者风格并不容易，但你可以努力加强最弱的人格特质。

事件发展比言语更快

幸存者最重要的人格特质是具备迅速适应新的现实的能力。事件发展往往比言语来得更快，人们很难快速写出关于如何质疑、评估、决策和行动的内容。人们对于几种可选方案的可能结果权衡利弊，并非常迅速地采取行动，以至于整个事件的发生过程像是某种条件反射（在不到一秒钟的时间内发生）。我的工作坊的一名参与者向我讲述了下面他的这段经历。

一天下午，我开着车向城外驶去，一边开车，一边脑子里想着工作。当时，我正沿着公路行驶，正好开到一座立交桥下面。我注意到，在我的左边，一名男子正在公路一侧的路堤上奔跑。

这个人看上去很绝望，一边跑一边看向身后。他径直从车流中穿过车道。我知道，他不会在公路中间的护栏旁边停下来。我清楚他没有看到我，即使我踩刹车，也会不可避免地撞到他。

我踩了油门，并线到应急车道上。就像我知道的那样，这个人跳过了公路中间的护栏，仍然一边跑一边回头看着身后，飞速穿过车道。虽然我不知道我是怎么从他身边经过的，但是我做到了。我发誓，在当时，他距离我的车的挡泥板不超过1.5英尺。在能停车的时候，我把车停了下来。然后，我看到警察将他逮捕了。警察告诉我，这个人刚刚抢劫了一家商店。

对于自己能够如此迅速准确地判断形势，这个人感到很震惊。在那一瞬间，他在不假思索的情况下，以自动化的方式做出了反应，而且还是正确的反应。

不过，他的经历也没有那么非同寻常。橄榄球、足球和篮球等竞技体育的运动员一直都在做着同样的事情。优秀的运动员能够在几毫秒之内把握比赛进程、处理信息，并采取有效行动。

迅速提问

一般来说，对危急局面的迅速把握包括在极短时间内获取有关他人的感受和行为的信息。当你保持高速的好奇心（high-speed curiosity）时，你就具备了快速获取信息的能力。

这种对总体情况的快速把握是一种模式化共情。幸存者能够迅速了解现实情况，同时根据自己相互制约的人格特质，选取最为合适的行动或反应。这种自动化的、有时无意识的过程，可能会让当事人在后来都对自己的所作所为惊叹不已，好奇自己当时是如何做到的。

在危机中，幸存者的条件反射是，在头脑中向自己快速提出下列问题。

- 正在发生什么事？未来可能发生什么事？
- 我应该跳下去、弯下腰、大喊大叫，还是静止不动？
- 我有多少时间？时间有多紧张？
- 我必须做点什么吗？我必须什么都不做吗？
- 其他人做了什么，还是什么都没做？为什么会这样？
- 在这种情况下，我该怎样做才合适？
- 我被别人注意到了吗？在他们眼中，我看上去怎么样？
- 其他人做出了什么样的反应？他们的感受是什么？
- 形势有多严峻？

- 现在有多危险？危险是否已经过去了？
- 有人需要帮助吗？谁不需要他人的帮助？

一个人越是能够迅速地了解正在发生的事情的整体形势，其生存机会就越大。愤怒、恐惧和惊慌会使人们视野狭窄，并降低人们的意识水平。例如，司机都知道，当他们对其他司机的行为感到愤怒时，就容易发生交通事故。如果因为前面有司机插队而发怒，其他司机就会降低对前方交通状况的关注程度。

保险公司的记录显示，正在经历分居和离婚的人，发生交通事故的风险更高。那些愤怒、烦恼或走神的司机，没有将注意力放在路况上。那些一边开车一边打电话和发短信的人也是如此。研究表明，这样的精神状态可能导致司机在驾驶时发生事故。保持冷静、警惕并注意周围的事物，会降低发生事故的可能性。强烈的情绪和外在干扰会分散注意力，提升发生事故的可能性。

警觉性、模式识别、共情能力都可以被视为某种开放式的脑力。这种开放式的脑力存在一种心理导向，不会将旧模式强加给新信息，而是允许新信息重塑人的“心像地图”。最有可能处理好某个局面的人，通常拥有最适合的“心像地图”，并能清楚地了解外界正在发生什么事情。相比之下，那些无法依靠自己顺利应对危机的人，往往会对外界正在发生的事情产生不准确或歪曲的认识。

在应对危机的那一刻，你的大脑处理着来自感觉感受器和感觉器官活动的神经冲动，各种各样的能量携带着关于外界正在发生事情的信息向你袭来。显然，具有幸存者人格的人，非常擅长形成关于外界事物的准确认知。

相比之下，那些没能顺利应对危机的人，仅凭他们自身，是往往无法准确认识外界事物的。如果你听一些人说的话并观察他们做的事，即看他们如何去行动、思考、感受和描述事物，你会发现，他们的观念与外界现实可能并不完全吻合。他们即时的情绪反应往往会压制大脑皮层的作用，让他们对正在发生的事情得出仓促的结论。

保持冷静

在高度情绪化的时候，你能做些什么？你可以从以下行动中选取几种来实施。

- 告诉自己要保持冷静。
- 深吸一口气，放松下来。
- 重复某句话。
- 试着找到此时的有趣之处。

告诉自己要保持冷静是一种有用的行为。做几次深呼吸也会有所帮助。除非在某些特殊情况下，盲目的愤怒、尖叫、恐慌或昏厥不是应对危机的好方法。石油大亨、亿万富翁保罗·盖蒂在《如何成为有钱人》(*How to Be Rich*) 中给出了应对危机的头号规则。

无论发生了什么，你都不要惊慌。惊慌失措的人无法有效地思考或行动。在任何商业生涯中，一定程度的麻烦都是无法避免的。当麻烦到来时，你应该下定决心冷静面对。

1995年，一名住在加利福尼亚州奥克兰市的17岁少女买了自己的第一辆车。这是一辆二手老式汽车。她为此非常得意。一天晚上，她开车兜风时，正好看到了一周前遇到过的22岁男子。于是，少女天真地问他想不想去兜风。该男子说他愿意去，便坐上了少女的车。

少女开着车在城里转悠，去了几个地方，最后把车停在了某景点处。该男子开始侵犯少女。当她反抗时，该男子殴打她，让她无力反抗，并强奸了她。之后，该男子将一把螺丝刀抵在她的脖子上，逼着她爬进了汽车的后备厢。然后，他开着少女的车沿公路寻找附近地区公园的入口。

在警方的档案中，有许多没能告破的凶杀案，其中很多案件都是女性被强奸和杀害，尸体被埋在偏远地区。不过，这名少女没有恐慌，也没有崩溃绝望，或者产生受害者反应。她想出了一个逃生的办法。那时天很黑，近乎午夜。她发现了汽车尾灯上的电线，就把这些电线扯了下来。

两名警察看到一辆没有亮尾灯的汽车行驶在路上，就追上去检查。当他们拦停并靠近汽车时，听到了少女在后备厢内砰砰的拍打声和呼救声。警察把少女解救了出来，并逮捕了该男子。

一名警察说："我认为最重要的一点就是这个姑娘拼力逃生的勇气。她已经遭受了身体伤害和性侵犯，她还能够表现出令人难以置信的生存本能，在没有惊慌失措的情况下摆脱了困境。"

紧张影响效率

效率与紧张的关系如图 12-1 所示。

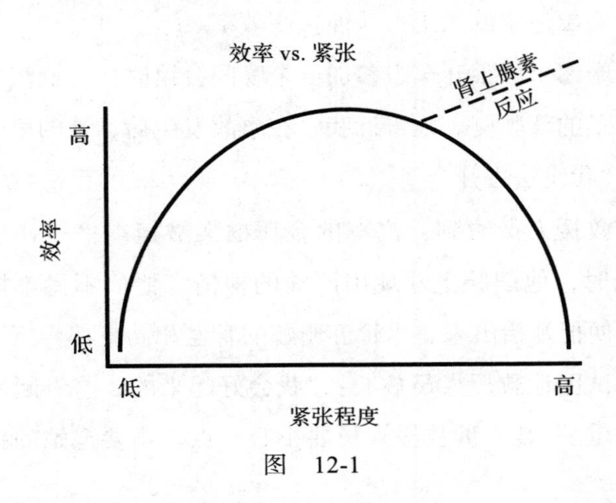

图 12-1

当人们处于低唤醒水平的时候，其反应会比较慢。很多人如果早上没有喝咖啡，一天下来什么事情也做不了。当人们处于高唤醒水平的时候，可能会犯一些错误——他们行动草率，惊慌失措，并失去控制。

图 12-1 虚线指示之处则是一个例外，表明这种行动只需激发肾上腺素，获得强大的肌肉力量，比如艾莉森仅凭上半身的力量就从车祸后的大巴残骸中爬了出来。

欢笑提高效率

幽默感可以提高生存的可能性。心理效率与人们一般的情绪唤醒水平直接相关。在高度唤醒的情况下，人们很难做出精确协调的动作，其解决问题的能力被削弱。欢笑可以将紧张程度降低到更适中的水平，从而提高效率。

苏珊娜·恩雅开车去参加一个晚间会议时，一辆汽车撞上了她车子的驾驶侧。她告诉我，在事故发生后，她的第一个想法是："我没法去开会了。"

当救援人员看到，汽车的金属框架被撞得挤压在了苏珊娜身上时，他们脸上浮现出严峻的神情。他们不得不把车拆开，以便把她抬出来。尽管苏珊娜的骨盆和肋骨都骨折了，但她一直试图让救援人员放心："我会好起来的。这看起来也没那么严重。"她告诉救援人员要小心一点，不要把她的新外套剪开。

当急诊室外科医生看到苏珊娜时，感到有些担心。在大多数交通事故中，像她这样的伤者都会出现内出血。医生担心，他们可能需要给苏珊娜做手术。然而，苏珊娜试图让医生和护士都轻松一些，还拿他们的名字开玩笑。当医护人员告诉她，他们要把她的衣服剪开时，她不同意他们那么做。虽然很疼，但她还是请他们把她的全身衣物都脱了下来。最后，苏珊娜没有接受手术，也完全康复了。

强有力的游戏心态

以游戏般的心态面对自己的处境，会使人们具有比纯粹的决心更强大的力量。这样的人会为自己营造出一种内在的感觉："这是我的消遣活动，我比它强大。我可以随心所欲。我不会被它吓倒。我会获得乐趣。"

一位需要进行大量现金交易的企业所有者表示，政府工作人员会时不时地走进来，要求立刻查看他的全部账目。30 多年的时间里，在经历过很多次这样的事情之后，他坐下来思考："我纳的税支付了你们的工资。来呀，让我看看你们有多厉害。"他仔细倾听政府工作人员的要求，并和他们开玩笑说，他们花了那么多时间在自己的企业上，可是最终也没得到什么结果。他并没有告诉我的是，他有一个法学学位，并且确切地知道政府工作人员"能做什么，不能做什么"。因为他坚持诚信经营，所以他能保持着放松的心态，以轻松的心情应对每次检查。

游戏心态提供的视角

游戏心态可以提供一种不同的、没那么可怕的视角。游戏心态可以对某种局面重新进行定义。例如，一位女士告诉我，一次她和丈夫外出旅行，晚上没有回家，而就在那个晚上，他们的房子起火被烧毁了。这是一次严重的损失。第二天早上，她和几位邻居站在一起，看着黑黢黢的废墟。邻居们心情紧张，沉默不语。可她却说："这可是除掉蟑螂和老鼠的绝佳方式。"当邻居们奇怪地看着她时，她只是耸了耸肩。

能够幽默地进行观察的人能够既放松又警觉地专注于要处理的问题。美国前总统罗纳德·里根曾经遭遇过一起暗杀。当时，子弹从他的左腋下部、防弹背心上方一个较为脆弱的地方穿了进去，击中了里根的身体。保镖把他推进总统专车，猛地关上了门。在总统专车急速开往最近的医院时，里根问："有没有人知道那个保镖有什么问题？"

当里根被推进手术室时，外科医生已经做好了手术的准备工作。里根看着面戴口罩、身穿手术服的医护人员说："我希望你们都是共和党人！"

总统夫人南希去康复病房探望里根时，问他现在怎么样了。里根借用喜剧演员 W. C. 菲尔兹在电影中的一句著名台词回答道："思前想后，我还是宁愿生活在费城。"

游戏心态的好处是，它可以带领我们发现具有创造性的解决方案。

依靠经验

笑的价值取决于人们当时面临的形势。有的时候人们应该笑，但有的时候则不适合笑。有的时候，如果一个人在其他人不笑的时候笑了，那么大家都会感到尴尬。什么情况下该做什么是没有公式的。这是一个依靠经验来判断的问题。

有些情境可能令人非常不安，以至于人们根本笑不出来。如果情况如此，那么具有幸存者人格的人可能就会通过诅咒来减轻紧张感，并使情绪状态处在自己的控制之下。与笑一样，诅咒的目的是让你的思想得到自由，从而找到应对危机的有效方法。如果你发现自己面临这种情况，那么你可以允许自己表达愤怒的心情，将紧张情绪释放出来。

继续前行

当遇到问题或挫折时，优秀的幸存者可以迅速地从气馁中恢复过来。他们不会将时间浪费在纠结过去或自己失去的东西上，而是会投入全部精力使事物朝更好的方向发展。下面这些话代表了他们的态度。

- 不要回头，朝着可能的最好方向走。
- 谁也不能告诉我“什么是我不能做的”。
- 虽然生活是不公平的，但那又怎样，出牌权掌握在我自己的手里。

- 如果我的生活被灾难彻底破坏了，我该怎么办？大不了从头再来！

幸存者知道，缓解痛苦的前提是，克制自己遭遇不公时的愤怒。那些优秀的幸存者几乎没有时间对已经失去的东西烦躁不安，或者因为事物的糟糕发展而痛苦难耐，在紧急情况下更是如此。对于困难，他们可以泰然处之，重新开始。他们知道，留得青山在，不怕没柴烧。他们知道，自己将吸取经验，继续前行。因此，他们通常不会把自己看得过重，也很难受到外界威胁。事实上，对于那些可能威胁自己的工作、财产或声誉的问题，他们只是一笑置之。

努力与自信的力量

幸存者应对危机的方式是，相信自己可以完全依靠自己，使事物顺利发展。你越有自信，就越能应对危机，相信自己可以不需要深思熟虑就能找到处理难题的办法。在你坚持下去、轻松应对，并允许自己做一些不可预测的事情的过程中，你通常会发现或发明某种能够有效应对危机的办法，还可能有余力去帮助别人。

自信可以让你在不确定的环境中安心。你可以进入未知领域（比如心理、生理或情感领域），并对你将要发现的事物怀

有好奇心。这种在未知中处理问题的能力来自你对自己的高要求。你可以依靠自己的耐力、创造力以及在最糟糕的情况下坚持下去的能力。

从结果中学习

请回想一下你经历过的危机状况或紧急事件，描述一下“当时发生了什么，你是如何反应的，当时你做了什么”。不要批评自己，你可以考虑：①你可以做些什么来避免再次出现类似的危机；②如果类似的危机再次出现，你将如何更好地调整自己。

生活方式也是生存模式

生活中优秀的幸存者的日常生活习惯包括：保持好奇、游戏心态；拥有共情能力；具有使事物顺利发展的愿望；认为自己对使生活顺利进行负全责；学习如何对事件施加影响从而取得好的结果。在偶然的情况下，你的这种处事风格也正是处理危机状况最好的风格。自我对话可以让你的极端情绪稳定下来；提问题可以让你获取关键信息；游戏心态可以让你减少紧张感，为你提供不同视角，并可以引导你采取实际行动。

生活中优秀的幸存者会根据理性采取行动，如果没有合理的替代方案，他们就可能做一些非理性的事情。在这些时候，那些和他们关系亲近的人可能将很难理解他们。

第 13 章

成为幸存者之后

一名身穿蓝色旧毛衣的瘦弱男子宣称："我知道，我是对的。"他对着我笑了。他的眼神中闪耀着喜悦的光彩。"虽然我公司里的其他经理说我是个消极的人，但我其实不是消极的人。我比他们更有成功的决心。今天你说的话证明了我是对的。我曾经试图告诉他们，要想让新产品取得成功，应该试着提前预测可能遇到的所有问题。然而，他们不听我的。他们笑话我是一个悲观主义者。"他摇了摇头，眼睛低垂了下去。"真是怪事！我知道，虽然我比他们能更好地预测问题和避免问题，但他们还是确信他们的'卖力'（gung-ho）思维比我的想法高明。"

应对作为幸存者的挑战

具有幸存者人格的人会遭到其他人的误解，这并不罕见。有些时候，他们的一些行为会让别人觉得不合时宜。关键问题在于，他们是否能正确地采取行动，是否尽量不让他人不舒服，或者是否以有效但又可能惹恼别人的方式行动。

那些生活中优秀的幸存者知道，自己处理问题的方式并不是标准操作程序（standard operating procedure，SOP）。尽管他们的方式是有缺陷的，但他们必须忠实于自己。在各种挑战之中，真正的幸存者往往要面对以下几种情况。

- **幸存者的人格特质常被误解。**其他人可能会对幸存者的那些相互制约的人格特质产生误解。一些人总是以非此即彼的方式去思考，他们无法认同幸存者自相矛盾的思维方式。如果你看出别人的视野是有局限的，而且对此表达了自己的看法，那么你可能会被贴上一个标签，即你是一个爱制造麻烦的消极之人，而不是一名团队合作者。虽然你可以尽自己所能得到他人的理解，但也要接受一个事实，即不是每个人都会理解你的思维方式。
- **幸存者的共情本性不被理解。**当一名幸存者能理解自己都不认同的观点时，其他人很少能够理解他。如果你理解甚至接纳与己方意见相左群体的观点，你就要冒着被己方抛弃的风险。在面对面的情境下，如果你赞赏了别人的观点，那么对方可能会错误地认为，你默许了他的方式。有些人无法将共情和认同区别开。你可能要向对方重复他的逻辑推理过程，并补充说："虽然我明白你在说什么，但是我并不同意你的看法。"

- **幸存者过于敏感。**拥有共情能力的幸存者将自己暴露于他人的悲伤和痛苦之下。如果你在潜意识上过于敏感，那么你可能会让自己陷入困境，你会感受到他人的恐惧和痛苦，而把别人的感受与自己的感受混为一谈。请给自己一些时间，来体会你自己感受的意义和来源。例如，当你遇到交通堵塞时，请思考一下，你的愤怒情绪究竟是属于你自己的，还是实际上由附近司机造成的。你可能需要对自己进行一些“去敏感性的训练”。
- **当幸存者试图了解自己时，可能会感到很痛苦。**当你看到事物的两面性时，你可能会发现，真正的自己没那么讨人喜欢，比如你可能有时是虚伪短视之人。有时候，你会为自己的行为感到懊悔。然而，重要的是，不要忘了从自我发现和对自己的洞察中去学习。
- **当幸存者进行新的尝试时，可能会对自己或他人造成不便。**你尝试的新事物和新的思维方式越多，你对自己成熟程度的信心就越少。在任何情况下，犯错和感到不适都是成长过程中的一部分。
- **幸存者需要对自己的偏见负责。**要想培养幸存者人格，你需要认识到对立观点给你造成的限制，同时摆脱这种限制。现在，你可能已经意识到，你会以自己之前所谴责的方式去行动、思考或感受。假如你曾经因别人相信直觉而嘲笑他们，那么现在你会发现，你的问题在于“不相信直觉”，你开始承认有些直觉确实有价值。你需要强化和更新自我观念，以便接受新的自己。你可能会发现，你曾经嗤之以鼻的人格特质可能对你有帮助。

- **幸存者会被他人指责。**通常情况下，人们喜欢对幸存者如何应对危机的故事放马后炮，人们可能嘲讽或贬低幸存者的行为。有些人很难接受别人展现自己缺乏的生存技能，或者遵循错误的生存观念。自由记者吉尔·卡罗尔曾经在巴格达被扣为人质82天。在那期间，她生活的方方面面都不由自己控制——她无法决定自己什么时候吃饭、睡觉、站立、坐下、说话等。在被释放后，吉尔回忆起当时的情境：她不得不放弃强烈的自我意识，转而完全顺从于抓她的人。当时的情况是，要么顺从，要么死亡。回到美国后，吉尔花了一些时间才重获自信，并且开始自己做决定。吉尔经常被问到她是怎样做到不以为意地答应各种要求的，比如被迫录像。吉尔知道，她做了在当时必须做的事情，只有那样做，她才能保住性命。利用你强大的内在自我，将使你不那么在意各类批评。
- **幸存者被视为并非真心希望事情好转的不忠者。**那些负责任、讲道德、忠诚的员工，对组织中的渎职现象、欺骗性报告、不安全产品、不道德活动表示担心，他们会通过正当的渠道向组织汇报这些情况，而这往往会给他们带来麻烦。他们不会受到感谢，而是被告知不要“惹麻烦”。如果他们不把警告当回事儿，就会被视为不忠者，或者被认为没有团队合作精神。那些将组织中的错误行为公之于众的举报者也会得到这样的评价，并且要承担被排斥、被解雇、被骚扰的后果。

- **幸存者可能会拒绝他人的帮助或建议。**一个高度自我关注的人会坚信自己的行为，愿意单独行动，并可能会拒绝他人的有益帮助。这个人可能认为，自己曾经仅凭一己之力就战胜了危及生命的严峻挑战，因此也可以独自应对随后出现的所有心理挑战。例如，老一代退伍军人如果不能很好地处理他们对于惨烈战争经历的记忆，往往会拒绝与咨询师交谈或参加支持团体。这些退伍军人中的很多人患有严重的心理障碍。如今，为了帮助武装部队所有分支的退伍军人解决心理健康问题，美国国防部制订了复原计划。几乎所有类型的创伤体验幸存者都能找到相应的支持团体。加入其中一个团体，哪怕只是很短的时间，也能帮助幸存者与他人畅所欲言，并可以在主题会谈中直接从他人的经历中学习。
- **幸存者不得不一直坚强。**当你成为幸存者之后，其他人可能会期待你一直表现得很坚强。他们不允许你在某个时刻表现出脆弱。虽然他们总是希望从你身上得到支持，但他们不允许你接受别人的支持。当你想要获得他人的支持时，你要懂得向亲近的人寻求帮助，并让别人知道你的这种需求。

- **幸存者允许他人对自己提出过多的要求。**乔伊·布里奇在会议上分享过自己癌症康复的经历之后，凌晨两三点钟她都会被电话吵醒。打电话的是那些自己患有癌症或亲友患有癌症的人，他们希望从乔伊那里获得帮助。其他人可能认为，你拥有可以赋予他们的生存能量，就好像你能亲自治疗他们一样。这些要求可能成为你的负担。
- **幸存者会成为嫉妒的对象。**如果你善于处理生活中的各种问题，那么有些人可能会说，你只是走运而已。对于那些中伤你的人，你一定要让他们知道，是你有能力让事情看起来容易处理，而不是因为事情真的容易处理。你要相信自己，也要让别人相信你。
- **幸存者有自己应对事情的能力范围。**例如，曾经拥有和经营自己公司的人，基本上都不适合去做大公司的雇员。一名军人在他19岁时就能操作昂贵的装备，瞬间做出生死攸关的决定。然而，在他20多岁退伍之后，他很难忍受长时间的会议和他人的裁断。由于具有信心和经验，那些有能力的、高效率的专业人员有时会因此成为受害者，特别是在老板或上级感到受威胁的情况下。面对这些问题，最好的解决方案就是找一两个经历过类似处境的熟人聊一聊。虽然你可能不得不在生活的某个方面忍受某些特定情况，但偶尔向其他人寻求帮助来处理自己的问题是非常有益的。

- **幸存者会表现强硬。**为了使事情顺利发展，幸存者不会总是做老好人。有时，幸存者应该拒绝帮助那些自找麻烦的人。有时，最好的做法就是让别人自己去解决问题。幸存者可能只需要静观其变，让别人去承担他们自己行为的后果。
- **幸存者拒绝放弃。**如果你非常坚持要掌控某个局面，你就会拒绝放弃，哪怕放弃是明智的选择。具有高度发展的生存技能的人，可能需要有意识地审视一下为此付出努力到底有多大的价值。放手后会发生什么？你要学会意识到什么时候该做个了结。
- **人们可能会因成为幸存者而内疚。**在美国华盛顿特区越战纪念碑附近，我见到了一个非常难过的男人。我站在他身边，看着他低声抽泣。几分钟后，他看了看我，抚摸着纪念碑说：“写在这里的应该是我的名字，而不应该是他们的名字。如果能让他们活着，那么我宁可用自己的生命去交换。”那些在工作场所躲过裁员的人常常会有同样的内疚感。那些生活更困难的前同事正在苦苦应对失业问题，这使他们因为自己仍然有工作而感到内疚。通过质疑非理性的想法，人们可以减轻幸存者的内疚感。幸存者相信，他们本可以采取更多的措施来防止某件事发生。当你出现这类情况时，你可以与他人交谈，以便获得看待问题的新视角。

- **幸存者可能会超越他人。**如果你拥有更成功、更协同的思考方式和行为方式，你就可能会超越你的朋友和所爱之人。这可能意味着，你不再希望与你的配偶、同事、朋友保持情感联系。你可能希望改变自己与他们的关系，从而避免受到遏制或利用。最简单的方法就是，不与这些人讨论某些特定问题。如果你无法改变自己与他们的关系，那么你可能需要根据自己的未来重新评估这段关系。请分别制作两份清单：你在一份清单上罗列这段关系中的积极方面，在另一份清单上罗列这段关系中的消极方面。认识和评估自己所处情境的优点和缺点，将有助于你透彻地分析这段关系，并决定是否值得将这段关系继续下去。
- **幸存者可能被批评为自私之人。**当你试图从出了问题的关系中抽身时，别人可能会尝试使用各种技巧来让你对他们的幸福负责，并利用你对他们的共情能力。采取措施让自己生活中的事物向好的方向转变，可能会要求其他人摆脱他们的惯有模式，迫使他们做出非自愿的改变。他们可能会因为自己的痛苦而去责备你。当你与他人共情时，你需要某种独特的勇气才能做到让他人改变。请记住，在一定程度上，他人对你的冷淡以及他们无法克服困难正是你想抽身而去的原因。

- **幸存者会感到孤独。**作为幸存者，你拥有独特复杂的人格特质，可能非常渴望遇到能够真正理解自己的人。然而，当你变得越来越有能力时，你对别人的依赖也越来越少。例如，能力强、智商高的女性通常会发现，自己发展得越好，就越难找到与自己各方面都匹配的伴侣。你可以找一些与自己相似的人来缓解你的孤独感。加入专业组织或者高度专业化的团体，可以帮助你找到志趣相投的人。如今，社会有许多针对各种兴趣的组团服务。

不正常也没什么大不了

当我教授"心理学概论"这门课时，我会给学生布置一个任务："请写一篇简短的论文，解释为什么一个心理异常健康的人会不正常。"大多数学生会皱起眉头，困惑道："什么情况？"

当学生们完成论文，并在课堂上讨论这个问题时，他们中的大部分人都能意识到，"正常"并不意味着良好、正确、健康，只是意味着处于平均水平。从技术上讲，任何远远偏离常规的人都是不正常的人。

一些人常误以为，一个自相矛盾的人必然有问题。我的一个朋友是精神科护士，她说很高兴能了解到，她的身上原来具有相互矛盾的人格特质。她承认说："知道我这样不是什么古怪现象真是太好了，之前我常常为此感到困惑。"

具有讽刺意味的是，具有发展完善的幸存者人格的人往往担心自己的精神不稳定，而事实上他们的精神非常健康。

后续步骤

从现在往后的 1000 年里，人们会进入人类意识的觉醒时代。参加考试的学生将在试卷上写下："在 21 世纪的最初几年，人类意识开始向整体意识转型。在那之前，人类社会受到僵化思维模式的控制。"

转型意味着从一种形式转变为另一种形式。你只要关注一下，很容易就能发现人类正在向下一个发展阶段转型。人们发现，他们的生存和幸福取决于摆脱无用的旧有思维方式和工作方式。在旧有模式下，人类社会受到僵化思维模式的控制，这种模式将每个人的身份都建立在外部参考框架之上。人类正逐渐以每个人的内部参考框架为基础，实现更高水平的发展，崭新的模式正在浮现。

在未来，作为幸存者，你会面对什么样的问题，你将自己的优势和能力进行独到整合后将如何发展，这些都在等着你去发现。从容应对往往取决于你能多深入地理解新的现实，请你做一些对自己有用的事。

第14章

你的转型

了解生存与发展

世界上没有任何一本书、任何一个工作坊或任何一个培训项目可以教会你如何发展你自己版本的幸存者人格。你越是让工作坊的领导者或者某个从未见过你的图书作者试着把你塑造成一个完美的人，你自主培养生存技能和发展技能的机会就越小。请记住，与其他关于生存、抗逆力、忍耐力等方面的作品一样，本书中描述的是我过去发现对别人有用的内容，同样的情境可能永远不会再次出现。

幸存者人格无法被教会，但可以学会

你可以创建一个自我管理式的计划来培养自己的人格特质和抗逆力，从而提高你应对意外挑战和破坏性危机的能力。在针对你个人的计划中，你可能需要考虑以下方面。

- **你要学会提问题。**通过提出“发生了什么事”等问题来对新的发展、威胁、困惑、麻烦或批评做出反应。你可以培养条件反射般的好奇心，从而迅速了解每一种新的情境。

- **你要增强自己的情绪灵活性。**你需要告诉自己："以相互矛盾的两种方式去感受和思考是正常的。"在过去的经历中，也许有一个内在的声音告诉你，不应该以某种特定的方式去感受或思考。现在，你要把自己从这种声音中解放出来，为自己找到多种可以选择的反应方式。
- **从现在开始，你要悦纳变化和不确定性，把灵活多变地处理问题视为一种生活方式。**你需要学会自信地适应变化。尝试不同的反应，留心相应的后果。你会发现，在新的发展方向上，你可以运用关于变化的经验教训，以便使事物顺利发展。在必要的情况下，你也可以对此做出调整。在当今世界，好的结果不是仅凭努力工作就能得到的，要以你的已知信息为基础来行动。
- **你需要从各种各样的经验中进行学习。**学习是受害者反应的解毒剂。你要将不好相处的人和不好处理的事视为生活这所学校的老师，考察自己的弱点和盲点，并学会如何更好地处理自己的问题。你从各种经历中获得的越多，就能变得越有能力、越有效率。
- **你需要培养共情能力。**请把自己放在对方的位置。你可以问问自己：他们是如何感受和思考的？他们的观点和价值观是什么？他们如何能从自己的行为中受益？如果你没有只根据自己的需求来管理自己的行为，而是考虑与别人的需求相协调，并相应地进行调整，从而管理自己的行为，那么你往往会在与他人相处方面取得成功。此外，如果你对那些做出让你不快行为的人表示诚挚的谢意，那么你将容易了解他们行为背后的动机。

- **请不要给别人贴标签。**在每次经历中，你都应该去观察和描述他人的言行，从而让自己深入了解他们当前的想法和感受。如果在你想咒骂某个人时使用了贬义词（“他是一个混蛋”），在你想要称赞某个人时使用了褒义词（“他是一个圣人”），那么请注意，这些标签限制了你看到对方行为发生变化的能力，而这些变化可能会影响你的处境。一旦你给某人贴上了标签，你就会在不知不觉中寻找迹象来强化这种标签化认知，并且可能对这个人的细微变化视而不见或不屑一顾。其中的某个变化，可能恰恰是解决问题或改变行为的关键，能够促使你产生新的想法，为你指明新的发展方向。如果通过某个人的行为来形容对方（“他现在的行为就像一个混蛋”），那么在之后的日子里，当此人的行为发生改变时，你会更容易对他重新做出评价。
- **你可以花些时间进行观察和反思。**请深吸几口气，体察自己的感受，对稍纵即逝的印象以及预兆保持警觉。

- **请让自己在所有情境下都能发挥作用。**你可以问问自己："我能做些什么事来让每个人都能顺利解决问题?"你提出有效方案的能力会让你变得有价值，也会受到其他人的尊重。
- **你可以花些时间欣赏自己。**请欣赏自己的成就。积极的自我关注有助于削弱伤害性批评带给你的伤痛。你的自尊决定了你在艰难的处境下能学到多少东西。你的自尊水平越高，学到的东西就越多。
- **请遵循生存和发展的步骤。**你需要重获情绪平衡，适应和应对眼前的处境，使事物顺利发展来让自己从容应对危机，找到自己的天赋所在。你在这些方面发展得越好，就越能迅速地将不幸转化为幸运。

逆境可以引导你从自己身上发现过去不曾了解的优势。在别人眼中对情感有损伤的经历，可以滋养你的情感。一次几乎将你的精神摧毁的磨难，也可以转变为你曾经遇到过的美好事情。这完全取决于你！你的态度，以及你扩大现有行为范围的意愿，将决定你能多么成功地战胜生活中艰难的挑战。

致　谢

成百上千的人为本书的问世做出了贡献，在此我要特别感谢以下人士。

萨姆·金博尔：感谢他长时间无私的编辑工作，不断鼓励我，为我提出深刻的建议，我们之间有着特殊的友谊。

我的母亲：感谢她的帮助，让我具备独立的思考空间。

我的妻子莫莉：她恒久的爱、支持、明快的思想以及对我和我的工作的信任是我的力量源泉。

我的姐姐玛丽·卡尔和姐夫查德·卡尔：感谢他们为我提供持久的支持、有价值的反馈以及专业的意见。

我的外甥女克里斯汀·平塔里奇：感谢她优秀的研究能力、写作能力、计算机技能、富有智慧的思想，以及处理细节的才能。

斯蒂芬妮·阿巴伯奈尔：感谢她的建议和鼓励。

唐·詹姆斯：他是一位富有感染力的写作教练感谢他的写作意见。

露丝·艾雷：感谢她热情的鼓励。

比尔·加列伯：我很珍惜我们的友谊，感谢他在幸存者研究上与我进行的诸多探讨。

艾诺斯·赫克山和夏洛特·赫克山：我很珍惜我们的友谊，感谢他们的指导意见。

比尔·麦基奇：他是我在教学方面的导师，感谢他的教导。

吉姆·麦康奈尔：他是我的写作导师和朋友，感谢他的写作意见。

林田弘文：他极具智慧，我很珍惜我们的友谊，感谢他为我的作品提供国际视野。

格伦·法斯：感谢他对我的作品可以帮助他人寄予厚望。

吉莉安·荷洛薇：感谢她的支持、建议和编辑工作。

约翰·达夫：感谢他如此富有远见。

感谢愿意回答我的问题并且将自己的经历分享给我的所有幸存者。

感谢“尽管收到的批评比表扬多，但依然保证事情运转顺利”的公务员们。

参考文献

第 1 章

Julius Segal quotation is from his book *Winning Life's Toughest Battles* (Ivy Books, 1986).

Charlie Plumb quotation is from a transcript of an interview on NBC, June 24, 1986.

Nietszche quotation is from Victor Frankl's *Man's Search for Meaning* (Beacon, 2006).

第 2 章

Maria Montessori quotation is from her book *The Absorbent Mind* (Holt, Rinehart & Winston, 1967).

Robert W. White's article is "Motivation Reconsidered: The Concept of Competence," *The Psychological Review* 66 (1959).

Robert Fulghum quotation is from his book *All I Really Need to Know I Learned in Kindergarten* (Ivy Books, 1986).

Daniel Goleman quotation is from his book *Emotional Intelligence* (Bantam, 2005).

Carole Hyatt and Linda Gottlieb quotation is from their book *When Smart People Fail* (Simon and Schuster, 2009).

第 3 章

T. C. Schneirla's explanation of biphasic pattern of adjustment is from his article "An Evolutionary and Developmental Theory of Biphasic Process Underlying Approach and Withdrawal," reprinted in *Selected Writings of T. C. Schneirla* (Freeman, 1972; originally published 1959).

Lorus J. Milne and Margery Milne quotation is from their book *Patterns of Survival* (Prentice-Hall, 1967).

Aron Ralston story is from personal communications, his book *Between a Rock and a Hard Place* (Atria, 2004), and "How He Survived," *Oregonian*, May 9, 2003.

Moshe Feldenkrais quotation is from his book *Awareness Through Movement* (Harper & Row, 1972).

第 4 章

Mihaly Csikszentmihaly's discussion of flow is from his book *Flow: The Psychology of the Optimal Experience* (Harper Perennial, 2008).

Ruth Benedict's discussion of synergy is from "Synergy: Some Notes of Ruth Benedict," *American Anthropologist* 72 (1970).

José Ortega y Gasset's ideas are from *The Revolt of the Masses* (Norton, 1957; originally published c. 1932).

Abraham Maslow quotation is from his book *The Farther Reaches of Human Nature* (Viking, 1971).

Anthony Robbins quotation is from his newsletter "Sharing Ideas" (December 1992/January 1993).

第 5 章

Arnold Toynbee quotation is from his book *Surviving the Future* (Oxford Press, 1971).

Joe Dibello's story is from the *Oregonian*, January 7, 1996.

第6章

Weston H. Agor quotation is from his article "How Top Executives Use Their Intuition to Make Important Decisions," *Business Horizons* (January/February 1986).

Roy Rowan quotation is from his book *The Intuitive Manager* (Little, Brown, 1986).

Winston Churchill's story is from Violet Bonham Carter's *Winston Churchill: An Intimate Portrait* (Harcourt, Brace, 1965).

Robert Godfrey quotation is from his book *Outward Bound: Schools of the Possible* (Anchor Books, 1980).

Harold Sherman quotation is from his book *How to Make ESP Work for You* (Fawcett-Crest, 1964).

Carol Burnett's story is from an interview on *The Charles Grodin Show* (CNBC, May 1995).

Gillian Holloway's method is from *Dreaming Insights: A 5-Step Plan for Discovering the Meaning in Your Dream* (Practical Psychology Press, 2002).

Lieutenant Iceal Hambleton's account is from William Anderson's *Bat-21* (Bantam Books, 1980).

Sarnoff Mednick was developing his Remote Associations Test while I was in graduate school at the University of Michigan. His copyrighted version has high validity.

Emile Coué was quoted in John Duckworth's *How to Use Auto-Suggestion Effectively* (Wilshire, 1972).

Alex F. Osborn quotation is from his book *Your Creative Power* (Dell, 1948).

Howard Stephenson quotation is from his book *They Sold Themselves* (Hillman-Curl, 1937).

Christopher Glenn's article is "Natural Disasters and Human Behavior:

Explanation, Research and Models," *Psychology: A Quarterly Journal of Human Behavior* 16, no. 2 (1979).

第7章

Horace Walpole's coining of the word *serendipity* is described in Theodore Remer's *Serendipity and the Three Princes: From the Peregriniaggio of 1557* (University of Oklahoma, 1965).

Lance Armstrong's story is from media accounts and his books written with Sally Jenkins, *It's Not About the Bike* (Putnam/Berkley, 2001) and *Every Second Counts* (Broadway, 2004).

第8章

Good noun discussion is from personal communications with Larry Mathae and his unpublished manuscript "The Good Guy, Bad Guy Code of the West." See also the passages on being nice in George Bach and Herb Goldberg's *Creative Aggression* (Avon Books, 1974).

Anne Wilson Schaef's pioneering activities and her books *Women's Reality: An Emerging Female System* (HarperOne, 1992) and *Co-Dependence: Misunderstood, Mistreated* (HarperOne, 1992) gave rise to the co-dependency movement. There are now dozens of books on the subject.

Shale Paul's views on codependency are from his book *The Warrior Within: A Guide to Inner Power* (Delta Group Press, 1983).

第9章

Abraham Maslow quotation is from his book *Eupsychian Management* (Irwin & Dorsey, 1965). Republished as *Maslow on Management* (Wiley, 1998).

Employment data is from an unpublished research report by James Pennebaker and associates. Emotions journal information is from James Pennebaker's *Opening Up* (Avon, 1990).

Henry W. Taft quotation is from the preface of Robert Godfrey's *Outward Bound: Schools of the Possible* (Anchor Books, 1980).

Julian Rotter's locus of control discussion and test is from "External Control and Internal Control," *Psychology Today* (June 1971).

Hans Selye quotation is from his book *The Stress of My Life: A Scientist's Memoirs* (Van Nostrand Reinhold, 1979).

第 11 章

Chapter is largely derived from Bernie Siegel's *Love, Medicine, and Miracles* (Harper & Row, 1986).

Caryle Hirshberg and Marc Barasch's spontaneous remission research is from their book *Remarkable Recovery* (Berkeley/Riverhead, 1993).

W. C. Ellerbroek quotation is from "Language, Thought, and Disease," *The Co-Evolution Quarterly* (Spring 1978).

Barbara Marie Brewster quotation is from her book *Journey to Wholeness* (Four Winds, 1992).

Larry King quotation is from "How a Heart Attack Changed Me," *Parade*, January 15, 1989.

Ian Gawler's account is from his books *Peace of Mind* (Avery, 1989) and *You Can Conquer Cancer* (Anderson, 2007), and newspaper articles obtained from the Yarra Valley Living Centre, Australia. See also www.Gawler.org.

Howard S. Friedman's information on emotional immunity is from his book *The Self-Healing Personality* (Henry Holt, 1991). See also Salvatore Maddi and Suzanne Kobasa's book *The Hardy Executive* (Dorsey Press, 1984).

Hans J. Eysenck's research is from "Health's Character," *Psychology Today*

(December 1988).

Ed Roberts was interviewed in the article "How It's S'pozed to Be" in *This Brain Has a MOUTH* (July/August 1992; available at www.MouthMag .com).

Norman Cousins quotation is from his book *Anatomy of an Illness* (W. W. Norton, 1979).

Bonnie Strickland's presidential address to the American Psychological Association was published as "Internal-External Control Expectancies: From Contingency to Creativity," *American Psychologist* (January 1989).

Joy Blitch's story is from "What Is Christian Science Treatment?" *Christian Science Monitor*, August 3, 1990.

O. Carl Simonton, Stephanie Matthews-Simonton, and James L. Creighton's imaging statistics are from their book *Getting Well Again* (Bantam Books, 1980).

John D. Evans quotation is from "Imagination Therapy," *The Humanist* 41, no. 6 (1980).

Louise L. Hay quotation, questions, and results with her PLWA group is from public lectures and her book *You Can Heal Your Life* (Hay House, 1984).

W. C. Ellerbroek quotation is from "Hypotheses Toward a Unified Field Theory of Human Behavior with Clinical Application to Acne Vulgaris," *Perspectives in Biology and Medicine* 16, no. 2 (1973).

Emile Coué's work is described in John Duckworth's *How to Use Auto-Suggestion Effectively* (Wilshire, 1965).

Paul Pearsall's attitude is reflected in his book *Making Miracles: A Scientist's Journey to Death and Back* (Prentice Hall Press, 1991), and other works.

Norman Cousins' concept of fostering healing is from his book *Head First: The Biology of Hope* (E.P. Dutton, 1989).

Mind–body research is from *Mind/Body Medicine: How to Use Your Mind for Better Health* (Consumer Reports, 1993).

Dee Brigham's book on positive visualization is *Imagery for Getting Well* (W. W. Norton, 1994).

Dorothy Woods Smith's comments are from personal communications, www.HousesOfHealing.com, and "Polio and Post-Polio Sequelae: The Lived Experience," *Orthopoedic Nursing* (September/October 1989).

John Callahan quotation is from his book *Don't Worry, He Won't Get Far on Foot* (William Morrow, 1989).

第 12 章

Alison Wright's story and quotation is from personal communication and her book *Learning to Breathe: One Woman's Journey of Spirit and Survival* (Plume, 2009).

Ben Sherwood's survivor styles are from his book *The Survivor's Club: The Secrets and Science That Could Save Your Life* (Grand Central, 2009).

John Paul Getty quotation is from his book *How to Be Rich* (Playboy, 1966).

Oakland, California, abduction account is from the *San Jose Mercury News*, March 19, 1995.

第 13 章

Jill Carroll's hostage account is from the series "The Jill Carroll Story," *Christian Science Monitor*, August 14–28, 2006.

延伸阅读

Anderson, William. *Bat-21: The Story of Lt. Col. Hambleton.* Bantam Doubleday Dell, 1983.

Anthony, E. James, and Bertram Cohler, eds. *The Invulnerable Child.* Guilford Press, 1987.

Armstrong, Lance, with Sally Jenkins. *Every Second Counts.* Broadway, 2004.

Armstrong, Lance, with Sally Jenkins. *It's Not About the Bike.* Putnam/Berkley, 2001.

Brewster, Barbara Marie. *Journey to Wholeness.* Four Winds, 1992.

Chellis, Marcia. *Ordinary Women, Extraordinary Lives.* Viking Adult, 1992.

Coffee, Gerald. *Beyond Survival.* CEI, 1990.

Csikszentmihalyi, Mihaly. *Flow: The Psychology of the Optimal Experience.* Harper Perennial, 2008.

Des Pres, Terrance. *The Survivors: An Anatomy of Life in the Death Camps.* Oxford University Press, 1976.

Flach, Frederic. *Resilience: Discovering a New Strength at Times of Stress.* Hatherleigh Press, 2004.

Fox, Michael J. *Always Looking Up: The Adventures of an Incurable Optimist.* Hyperion, 2009.

Frankl, Victor. *Man's Search for Meaning*. Beacon, 2006.

Friedman, Howard S. *The Self-Healing Personality*. Henry Holt, 1991.

Goleman, Daniel. *Emotional Intelligence*, Bantam, 2005.

Gonzales, Laurence. *Deep Survival: Who Lives, Who Dies, and Why*. Norton, 2004.

Greenbank, Anthony. *The Book of Survival*. Hatherleigh Press, 2003.

Hamilton, Scott. *The Great Eight: How to Be Happy*. Thomas Nelson, 2009.

Hay, Louise. *You Can Heal Your Life*. Hay House, 1999.

Hyatt, Carole, and Linda Gottleib. *When Smart People Fail*. Simon & Schuster, 2009.

Janifer, Laurence. *Survivor*. Ace, 1977.

Kamler, Kenneth. *Surviving the Extremes*. THUS, 2004.

King, Larry. *My Remarkable Journey*. Weinstein, 2009.

Leslie, Edward E. *Desperate Journeys, Abandoned Souls*. Mariner, 1998.

Lifton, Robert Jay. *The Protean Self*. University of Chicago Press, 1999.

Maddi, Salvatore, and Suzanne Kobasa. *The Hardy Executive*. Irwin Professional, 1984.

Maslow, Abraham. *Maslow on Management*. Wiley, 1998.

Noyce, Wilfrid. *They Survived: A Study of the Will to Live*, Dutton, 1963.

O'Grady, Scott, with Jeff Coplon. *Return With Honor*. Doubleday, 1995.

Paul, Shale. *The Warrior Within: A Guide to Inner Power*. Delta Group, 1983.

Pearsall, Paul. *Making Miracles: A Scientist's Journey to Death and Back*. Prentice Hall, 1991.

Pflug, Jackie Nink, with Peter J. Kizilos. *Miles to Go Before I Sleep*. Hazelden, 2002.

Pink, Daniel H. *A Whole New Mind*. Riverhead, 2006.

Plumb, Charlie. *I'm No Hero*. Executive, 1995.

Ralston, Aron. *Between a Rock and a Hard Place*. Atria, 2005.

Reeve, Christopher. *Still Me*. Ballantine, 1999.

Rowan, Roy. *The Intuitive Manager*. Little, Brown, 1986.

Saldana, Theresa. *Beyond Survival*. Bantam, 1987.

Salk, Jonas. *Survival of the Wisest*. Harper & Row, 1973.

Schemmel, Jerry, with Kevin Simpson. *Chosen to Live*. Victory, 1996.

Segal, Julius. *Winning Life's Toughest Battles: Roots of Human Resilience*. Ivy, 1986.

Seligman, Martin. *Learned Optimism: How to Change Your Mind and Your Life*. Vintage, 2006.

Sherwood, Ben. *The Survivor's Club*. Grand Central, 2009.

Siegel, Bernie. *Faith, Hope and Healing*. Wiley, 2009.

Siegel, Bernie. *Love, Medicine, and Miracles*. Harper & Row, 1986.

Sinetar, Marsha. *Developing a 21st-Century Mind*. Random House, 1991.

Tedeschi, Richard, et al., eds. *Posttraumatic Growth: Positive Changes in the Aftermath of Crisis*. Erlbaum, 1998.

Toynbee, Arnold. *Surviving the Future*. Oxford, 1971.

Troebst, Cord Christian. *The Art of Survival*. Doubleday, 1965.

Walsh, Roger. *Staying Alive*. Shambhala, 1984.

Schaef, Anne Wilson. *Co-Dependence: Misunderstood, Mistreated*. HarperOne, 1992.

Wright, Alison. *Learning to Breathe*. Plume, 2009.

Zar, Rose. *In the Mouth of the Wolf*. Jewish Publication Society, 1983.

扩展资源

Siebert, Al. *The Resiliency Advantage: Master Change, Thrive Under Pressure and Bounce Back from Setbacks* (© Berrett-Koehler, ISBN: 9781576753293).

Siebert, Al. *The Survivor Personality Manual: Guidelines for Facilitating Self-Managed Learning* (© Practical Psychology Press, ISBN: 9780944227008). Coil-bound workbook to accompany *The Survivor Personality.*

Siebert, Al, and Mary Karr. *The Adult Student's Guide to Survival & Success*, 6th ed. (© Practical Psychology Press, ISBN: 9780944227381).

How to Thrive and Grow During Your Job Search [CD-ROM] (© Practical Psychology Press).

Resiliency: The Key to Surviving and Thriving in Today's World [DVD] (© Practical Psychology Press).

Resiliency: The Power to Bounce Back [CD-ROM set] (© Learning Strategies). Personal learning course with workbook.

The Survivor Personality: Why Some People Have a Better Chance of Surviving Than Others [CD-ROM] (© Practical Psychology Press).

创伤与疗愈

书写
疗愈力量

创伤
记忆

In an Unspoken Voice
心理创伤疗愈之道
倾听你身体的信号

Waking the Tiger
唤醒老虎
启动自我疗愈本能

哀伤治疗
陪伴丧亲者走过幽谷之路
Techniques of Grief Therapy

创伤
复原

集体
叙事
实践
以叙事的方式回应创伤
COLLECTIVE NARRATIVE PRACTICE

轮回
SAME SOUL, MANY BODIES
前世今生来生缘

超越原生家庭

超越原生家庭（原书第4版）

作者：（美）罗纳德·理查森 ISBN：978-7-111-58733-0 定价：45.00元

一切都是童年的错吗?
全面深入解析原生家庭的心理学经典，全美热销几十万册，已更新至第4版!

不成熟的父母

作者：（美）琳赛·吉布森 ISBN：978-7-111-56382-2 定价：45.00元

有些父母是生理上的父母，心理上的孩子。
如何理解不成熟的父母有何负面影响，以及你该如何从中解脱出来。

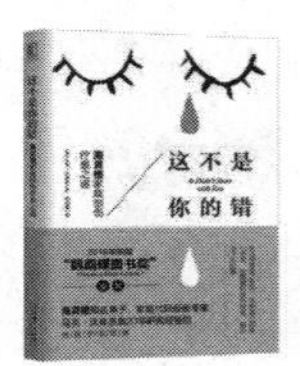

这不是你的错：海灵格家庭创伤疗愈之道

作者：（美）马克·沃林恩 ISBN：978-7-111-53282-8 定价：45.00元

海灵格知名弟子，家庭代际创伤领域的先驱马克·沃林恩力作。
海灵格家庭创伤疗愈之道，自我疗愈指南。荣获2016年美国“鹦鹉螺图书奖”!

母爱的羁绊

作者：（美）麦克布莱德 ISBN：978-7-111-513100 定价：35.00元

爱来自父母，令人悲哀的是，伤害也往往来自父母，
而这爱与伤害，总会被孩子继承下来。

拥抱你的内在小孩：亲密关系疗愈之道

作者：（美）罗西•马奇-史密斯 ISBN：978-7-111-42225-9 定价：35.00元

如果你有内在的平和，那么无论发生什么，你都会安然。